Python 2年生 デスクトップアプリ開発のしくみ

パイソン

体験してわかる！
会話でまなべる！

2年生

SE
SHOEISHA

本書内容に関するお問い合わせについて

このたびは翔泳社の書籍をお買い上げいただき、誠にありがとうございます。
弊社では、読者の皆様からのお問い合わせに適切に対応させていただくため、以下のガイドラインへのご協力をお願いいたしております。
下記項目をお読みいただき、手順に従ってお問い合わせください。

ご質問される前に

弊社 Web サイトの「正誤表」をご参照ください。これまでに判明した正誤や追加情報を掲載しています。

正誤表　https://www.shoeisha.co.jp/book/errata/

ご質問方法

弊社 Web サイトの「刊行物 Q&A」をご利用ください。

刊行物 Q&A　https://www.shoeisha.co.jp/book/qa/

インターネットをご利用でない場合は、FAX または郵便にて、下記翔泳社愛読者サービスセンターまでお問い合わせください。電話でのご質問は、お受けしておりません。

回答について

回答は、ご質問いただいた手段によってご返事申し上げます。ご質問の内容によっては、回答に数日ないしはそれ以上の期間を要する場合があります。

ご質問に際してのご注意

本書の対象を越えるもの、記述個所を特定されないもの、また読者固有の環境に起因するご質問等にはお答えできませんので、あらかじめご了承ください。

郵便物送付先および FAX 番号

送付先住所　〒 160-0006　東京都新宿区舟町 5
FAX 番号　03-5362-3818
宛先　㈱翔泳社 愛読者サービスセンター

※本書に記載されたURL等は予告なく変更される場合があります。
※本書の対象に関する詳細は8ページをご参照ください。
※本書の出版にあたっては正確な記述につとめましたが、著者や出版社などのいずれも、本書の内容に対してなんらかの保証をするものではなく、内容やサンプルに基づくいかなる運用結果に関してもいっさいの責任を負いません。
※本書に掲載されているサンプルプログラムやスクリプト、および実行結果を記した画面イメージなどは、特定の設定に基づいた環境にて再現される一例です。
※本書に記載されている会社名、製品名はそれぞれ各社の商標および登録商標です。
※本書の内容は、2022年11月執筆時点のものです。

はじめに

「Pythonの基本はだいたい理解できた。次はもうちょっとワクワクするような、楽しいプログラミングを体験してみたい」

「Pythonでデータ分析や機械学習を触れるようになってきた。勉強の役に立っている気がするけれど、もっと私がプログラムを作ったという実感が欲しいな」

…などと感じている方は、おられるのではないでしょうか。

この本は、そうしたPython初心者の方が、プログラミングの楽しさを実感するための本です。

「プログラミング」には、いろいろな側面があります。コンピュータにめんどうな計算や処理をさせて「人間が楽をする」という側面もありますが、自分の頭で想像したことを形にしたり実現したりするという「コンピュータを使ったものづくり」という側面もあります。

そして、プログラミングの喜びを感じることができるのは、多くの場合は、後者のコンピュータでものづくりを行ったときです。そこでこの本では、デスクトップアプリという形のものづくりを行います。「便利なデスクトップアプリ」や「遊べるデスクトップアプリ」といった完成品を作ることを通して、プログラミングをしているという実感と喜びを感じてもらえれば、と考えました。

この本は難易度的には、『Python1年生』を読んでいて、がんばればわかるぐらいに設定しているため、『Python2年生』にしています。ですが「ものづくり」とは、とにかく手間がかかるものです。この本のプログラムもできるだけ短くなるように考えましたが、それでも少々長めです。入力は大変ですが、プログラムを作る実感のためにも、ぜひがんばってみてください。

この本を通して、自分の手でなにかを作る楽しさに触れ、プログラミングの楽しさの奥深さを少しでも感じてもらえれば幸いです。

2022年12月吉日

森 巧尚

もくじ

第3章 計算アプリを作ろう

第4章 時計アプリを作ろう

第5章 ファイル操作アプリを作ろう

第6章 ゲームアプリを作ろう

本書の対象読者と2年生シリーズについて

本書の対象読者

本書はPythonの基礎知識はあるけど、「アプリ開発って初心者には難しそう」「プログラムでなにか残るものを作ってみたい」という方に向けて、デスクトップアプリ開発の基本をやさしく解説した入門書です。スマホアプリ、Webアプリに比べて、手軽に取り組めますので挫折することなく学習できます。本書を読んだあとは、スマホアプリやWebアプリ開発に挑戦してみてください。

- **Pythonの基本文法は知っている方（『Python1年生』を読み終えた方）**
- **デスクトップアプリ開発の初心者**

2年生シリーズについて

2年生シリーズは、『Python1年生』を読み終えた方を対象とした入門書です。ある程度、技術的なことを盛り込み、本書で扱う技術について身につけてもらいます。完結にまとめると以下の3つの特徴があります。

ポイント❶ 基礎知識がわかる

章の冒頭には漫画やイラストを入れて各章でまなぶことに触れています。冒頭以降は、イラストを織り交ぜつつ、基礎知識について説明しています。

ポイント❷ プログラムのしくみがわかる

必要最低限の文法をピックアップして解説しています。途中で学習がつまずかないよう、会話を主体にして、わかりやすく解説しています。

ポイント❸ 開発体験ができる

初めてデスクトップアプリ開発をまなぶ方に向けて、楽しく学習できるよう工夫したサンプルを用意しています。

本書の読み方

本書は、初めての方でも安心してデスクトップアプリ開発の世界に飛び込んで、つまずくことなく学習できるよう、ざまざまな工夫をしています。

ヤギ博士とフタバちゃんのほのぼの漫画で章の概要を説明

各章でなにをまなぶのかを漫画で説明します。

この章で具体的にまなぶことが、一目でわかる

該当する章でまなぶことを、イラストでわかりやすく紹介します。

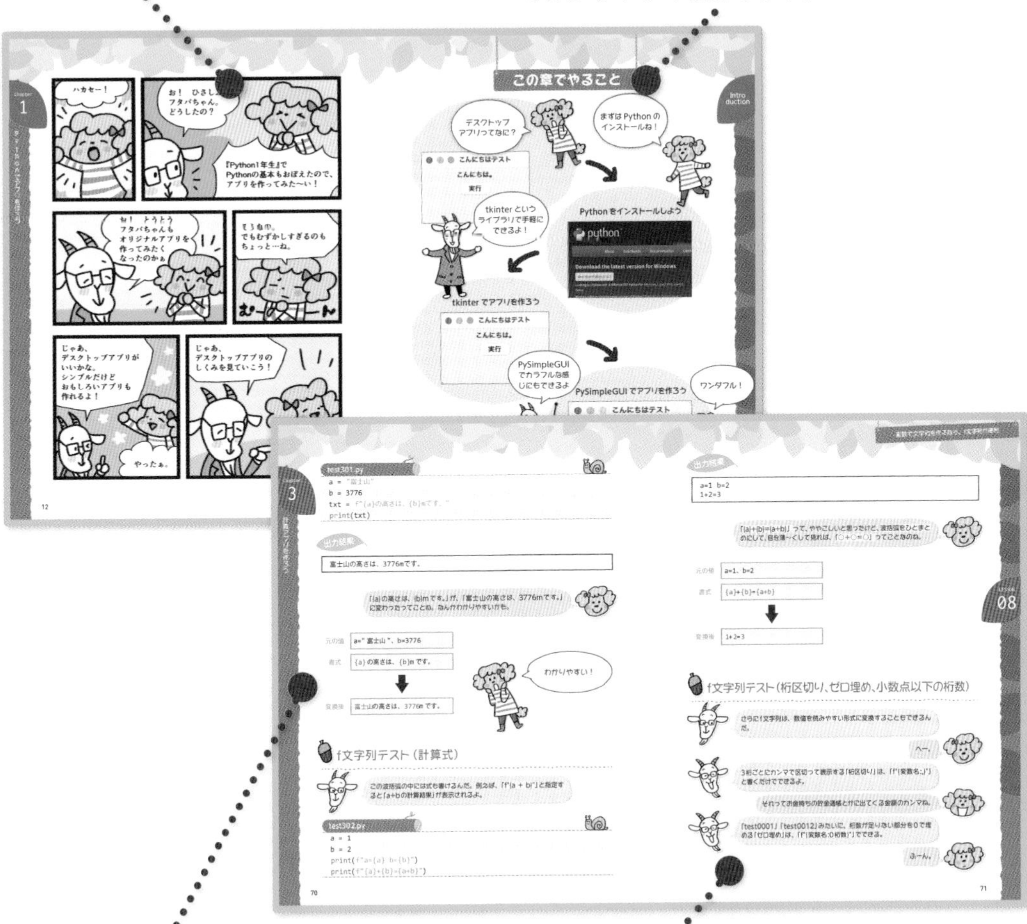

イラストで説明

難しい言いまわしや説明をせずに、イラストを多く利用して、丁寧に解説します。

会話形式で解説

ヤギ博士とフタバちゃんの会話を主体にして、概要やサンプルについて楽しく解説します。

本書のサンプルのテスト環境

本書のサンプルは以下の環境で、問題なく動作することを確認しています。

OS：Windows 11/10、macOS Monterey（12.2.x）
Python：3.11.0/3.10.4
各種ライブラリとバージョン
pysimplegui：4.60.3、Pillow：9.1.0、chardet：5.0.0、qrcode：7.3.1

サンプルファイルと特典データのダウンロードについて

付属データと会員特典データのご案内

付属データ（本書記載のサンプルコード）と会員特典データは、以下の各サイトからダウンロードできます。

- **付属データのダウンロードサイト**

URL **https://www.shoeisha.co.jp/book/download/9784798174990**

- **会員特典データのダウンロードサイト**

URL **https://www.shoeisha.co.jp/book/present/9784798174990**

注意

付属データに関する権利は著者および株式会社翔泳社が所有しています。許可なく配布したり、Webサイトに転載したりすることはできません。付属データの提供は予告なく終了することがあります。あらかじめご了承ください。

免責事項

付属データおよび会員特典データの記載内容は、2022年11月現在の法令等に基づいています。付属データおよび会員特典データに記載されたURL等は予告なく変更される場合があります。

付属データおよび会員特典データの提供にあたっては正確な記述につとめましたが、著者や出版社などのいずれも、その内容に対してなんらかの保証をするものではなく、内容やサンプルに基づくいかなる運用結果に関してもいっさいの責任を負いません。

付属データおよび会員特典データに記載されている会社名、製品名はそれぞれ各社の商標および登録商標です。

著作権等について

付属データおよび会員特典データの著作権は、著者および株式会社翔泳社が所有しています。個人で使用する以外に利用することはできません。許可なくネットワークを通じて配布を行うこともできません。個人的に使用する場合は、ソースコードの改変や流用は自由です。商用利用に関しては、株式会社翔泳社へご一報ください。

2022年11月
株式会社翔泳社　編集部

第1章
Pythonでアプリを作ろう

ハカセー！

お！　ひさしぶり
フタバちゃん。
どうしたの？
『Python1年生』で
Pythonの基本もおぼえたので、
アプリを作ってみた〜い！

お！　とうとう
フタバちゃんも
オリジナルアプリを
作ってみたく
なったのかぁ

そうなの。
でもむずかしすぎるのも
ちょっと…ね。
むーーん

じゃあ、
デスクトップアプリが
いいかな。
シンプルだけど
おもしろいアプリも
作れるよ！
やったぁ。

じゃあ、
デスクトップアプリの
しくみを見ていこう！
は〜い

この章でやること

デスクトップアプリってなに？
まずは Python のインストールね！
こんにちはテスト
こんにちは。
実行
tkinter というライブラリで手軽にできるよ！
Python をインストールしよう
python
About
Downloads
Documentation
Download the latest version for Windows
Download Python 3.11.0
Looking for Python with a different OS? Python for Windows, Linux/UNIX, macOS, Other
tkinter でアプリを作ろう
こんにちはテスト
こんにちは。
実行
PySimpleGUI でカラフルな感じにもできるよ
PySimpleGUI でアプリを作ろう
ワンダフル！
こんにちはテスト
こんにちは。
実行

LESSON 01

デスクトップアプリってなに？

本書は、デスクトップアプリのやさしい作り方を学んでいきます。デスクトップアプリとはどのようなものなのでしょうか？

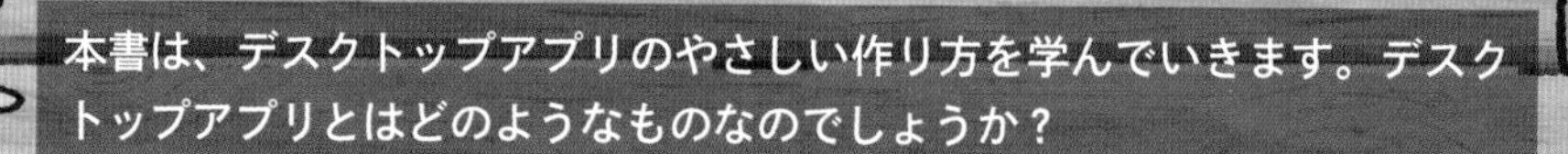

ねえねえ、ハカセ。アプリってどうやって作ればいいの？

こんにちは、フタバちゃん。どうしたのかな。

『Python2年生』や『Python3年生』ではありがとうございました！　「データ分析のしくみ」とか「機械学習のしくみ」とか、知らなかったことがわかっておもしろかったんだけど、もっと「ワタシがプログラムを作ったって実感したい」んだよね。

ほほう。どういうことかな？

ほら、『Python1年生』で人工知能のアプリとか作ったでしょ。あのとき「この動いてるアプリ、ワタシが作ったんだ～！」って感動して楽しかったんだ。だから、もっとアプリを作ってみたいの。

なるほど。自分の手でアプリを作って「作る喜びを感じたい」ってことだよね。Pythonなら「デスクトップアプリ」は、わりと手軽に作れるからおすすめだよ。

どんなものが作れるの？

「計算アプリ」とか「時計アプリ」とか「ミニゲームアプリ」などが作れるよ。

計算アプリ

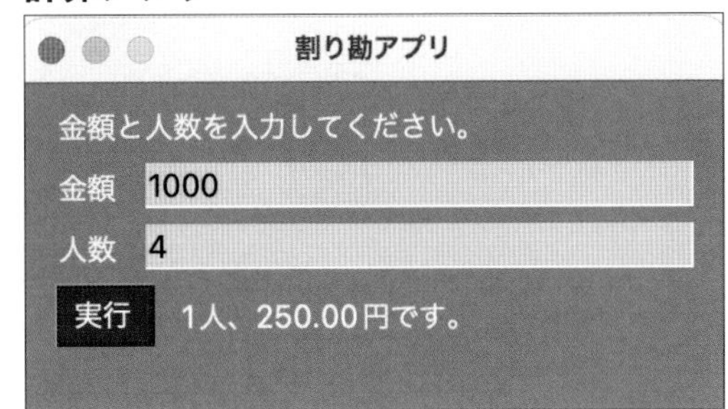

時計アプリ

ミニゲームアプリ

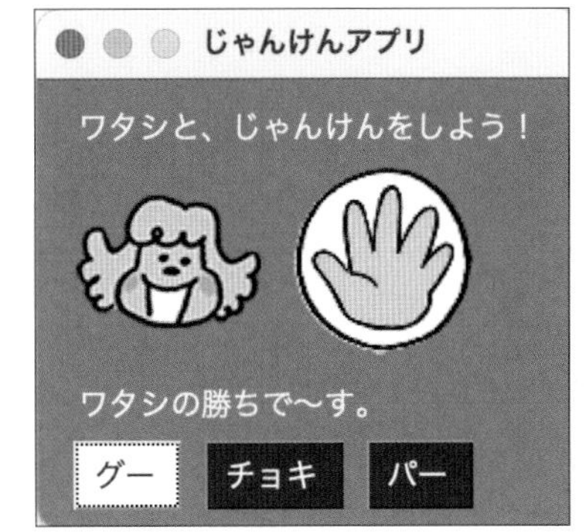

わーい！　いろいろあるー。

「機械学習のしくみ」のときは少し難しめだったから『Python3年生』だったけど、今回は『Python1年生』を読んでいればできるぐらいの内容だから、『Python2年生』だよ。ただし、アプリを作るからプログラムは少し長めになるけど、がんばろうね。

ありゃりゃ、学年が戻っちゃった。作るの大変そうだけど、ワタシがんばるよ！

デスクトップアプリとは

Pythonには、アプリを作るライブラリがいろいろ用意されています。

tkinter（ティーケー・インター）やPySimpleGUI（パイ・シンプル・ジーユーアイ）などのライブラリを使うと、デスクトップアプリを作ることができます。デスクトップアプリとは、パソコンのデスクトップ上で動くアプリのことで、文字コマンドだけで動かすCUI（キャラクタ・ユーザー・インターフェース）に対して、GUI（グラフィカル・ユーザー・インターフェース）アプリとも呼ばれます。実行すると、ボタンやテキストが並んだウィンドウが表示されて、マウスやキーボードを使って操作するアプリです。

アプリというと、デスクトップアプリ以外にもスマホアプリやWebアプリなどがあります。Webアプリは、Django（ジャンゴ）やFlask（フラスク）などのライブラリを使えば作ることができます。

本書では、自分で作る楽しさを実感しやすいデスクトップアプリについて解説していきます。完成したファイルはダブルクリックするだけでアプリとして起動します。「ちょっとした便利ツール」として、また「息抜きのミニゲーム」として使えます。ぜひ「身近なアプリを作る楽しさ」を体験しましょう。

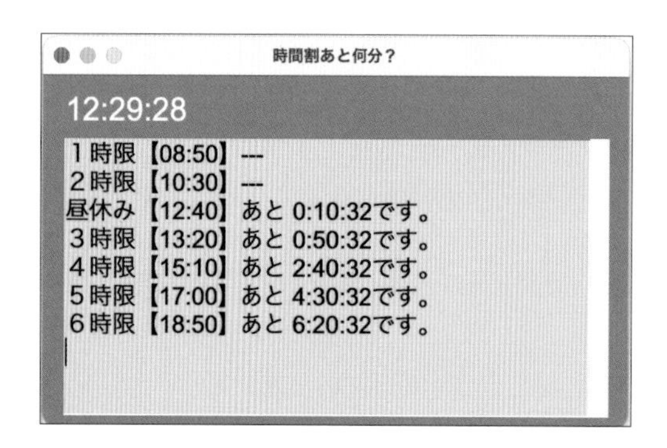

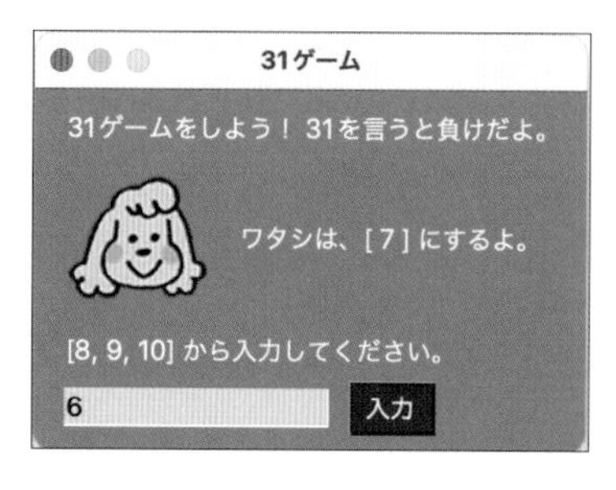

Pythonを インストールしよう

パソコンにPythonが入っていない場合は、インストールするところから始めましょう。Windows版もmacOS版も両方あります。

ハカセ。またこの前パソコンを買い替えたんだよ。新しいパソコンにはPythonをインストールするんだよね。

新しいパソコンには、公式サイトからPythonをダウンロードしてインストールしよう。インストーラーの指示にしたがって進めればすぐにインストールできちゃうよ。

よーし、最新版のPythonをインストールしちゃうよ！

 Windowsにインストールする方法

Python 3の最新版をWindowsにインストールしましょう。まずはMicrosoft EdgeなどのWebブラウザで公式サイトにアクセスしてください。

<Python公式サイトのダウンロードページ>
https://www.python.org/downloads/

① インストーラーをダウンロードします

Pythonの公式サイトから、インストーラーをダウンロードします。

Windowsでダウンロードページにアクセスすると、自動的にWindows版のインストーラーが表示されます。❶ダウンロードボタンをクリックするとダウンロードが始まります。❷Edge右上の［…］ボタンをクリックして、❸［ダウンロード］を選択しましょう。

② インストーラーを実行します

❶インストーラー［python-3.11.x-xxx.exe］が表示されます。これをクリックして、インストーラーを実行します。

③ インストーラーの項目をチェックします

インストーラーの起動画面が現れます。❶［Add python.exe to PATH］にチェックを入れてから、❷［Install Now］ボタンをクリックします。

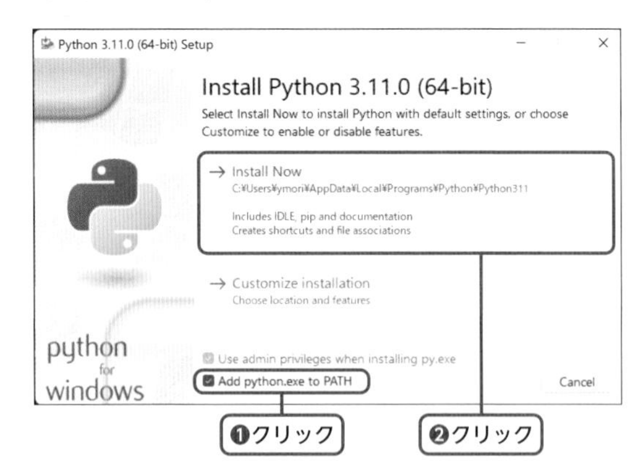

④インストーラーを終了します

インストールが完了したら「Setup was successful」と表示されます。これでPythonのインストールは完了です。❶［Close］ボタンをクリックして、インストーラーを終了しましょう。

macOSにインストールする方法

Python 3の最新版をmacOSにインストールしましょう。まずはSafariなどのWebブラウザで公式サイトにアクセスしてください。

<Python公式サイトのダウンロードページ>
https://www.python.org/downloads/

①インストーラーをダウンロードします

まず、Pythonの公式サイトから、インストーラーをダウンロードします。

macOSでダウンロードページにアクセスすると、自動的にmacOS版のインストーラーが表示されます。❶［Download Python 3.11.x］ボタンをクリックしましょう。

② インストーラーを実行します

ダウンロードしたインストーラーを実行します。Safariの場合、❶ダウンロードボタンをクリックすると今ダウンロードしたファイルが表示されますので、❷［python-3.11.x-macosxx.pkg］をダブルクリックして実行します。

③ インストールを進めます

「はじめに」の画面で❶［続ける］ボタンをクリックします。
「大切な情報」の画面で❷［続ける］ボタンをクリックします。
「使用許諾契約」の画面で❸［続ける］ボタンをクリックします。
すると同意のダイアログが現れるので、❹［同意する］ボタンをクリックします。

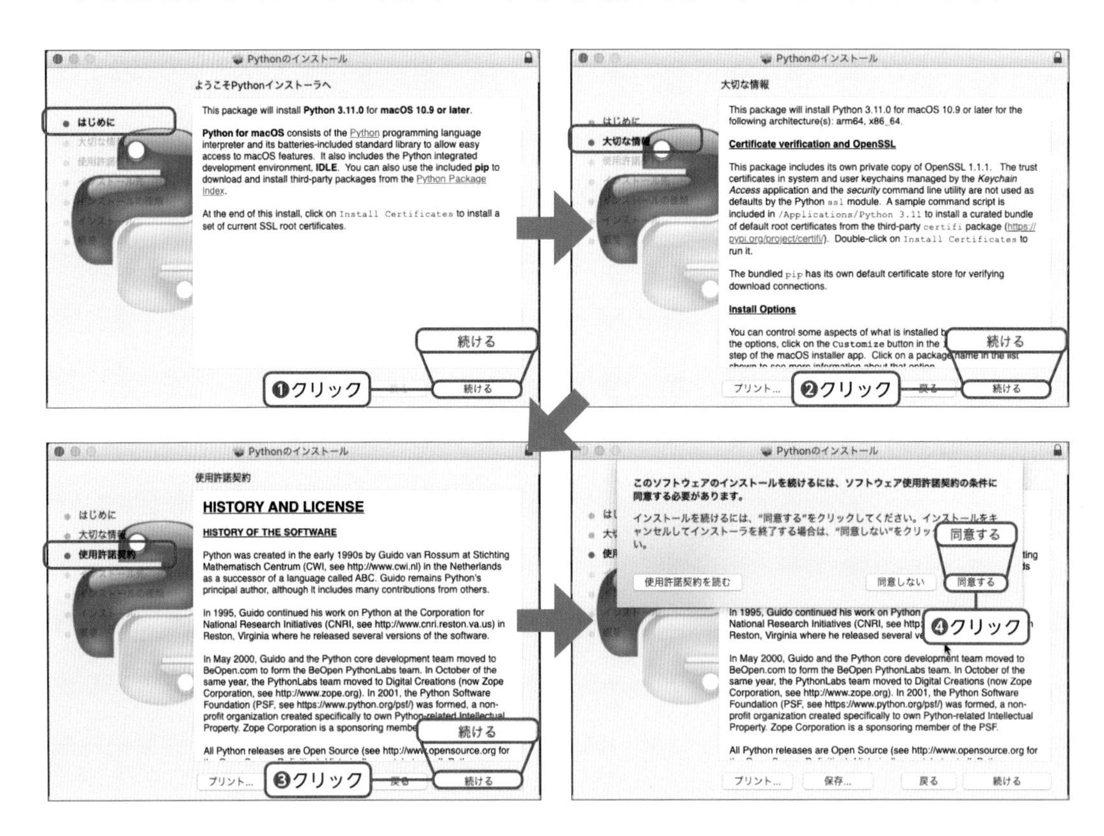

④macOSへインストールします

「Pythonのインストール」ダイアログが現れるので❶［インストール］ボタンをクリックします。

すると「インストーラが新しいソフトウェアをインストールしようとしています。」というダイアログが現れるので、❷macOSのユーザー名とパスワードを入力して、❸［ソフトウェアをインストール］ボタンをクリックします。

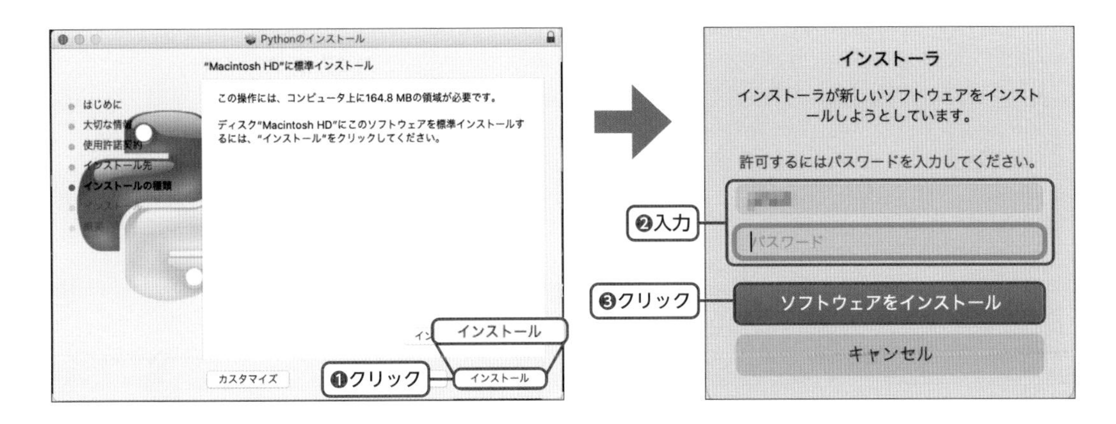

⑤インストーラーを終了します

しばらくすると、「インストールが完了しました。」と表示されます。これでPythonのインストールは完了です。❶［閉じる］ボタンをクリックして、インストーラーを終了しましょう。また、❷アプリをインストールしたフォルダも表示されます。どこに保存されたのか覚えておきましょう。

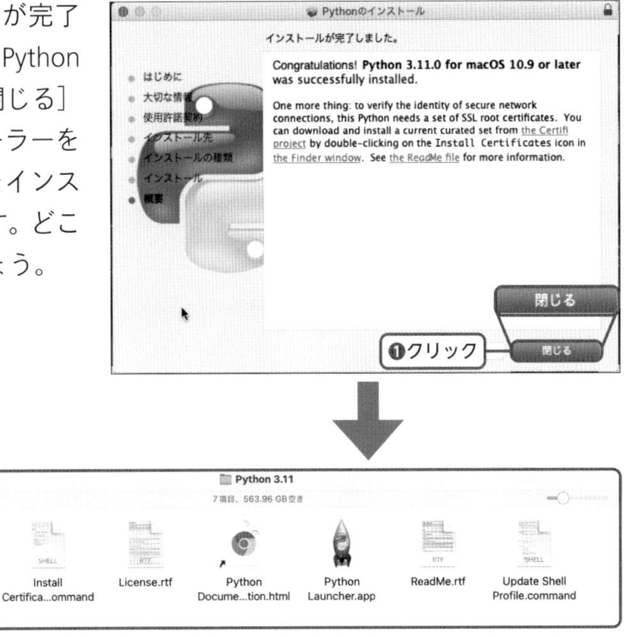

LESSON 03

tkinterでアプリを作ろう

まずは、Pythonの標準ライブラリのtkinterを使って、テストアプリを作ってみましょう。

Pythonのインストールができたらまずは、テストアプリを試してみよう。『Python1年生』でも使ったtkinterライブラリで作ってみようと思うんだけど、覚えているかな。

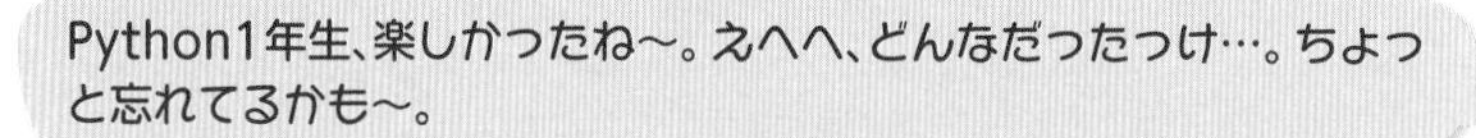

Python1年生、楽しかったね〜。えへへ、どんなだったっけ…。ちょっと忘れてるかも〜。

tkinterはPythonの標準ライブラリだよ。プログラムでアプリの画面を作っていけるんだ。

ウィンドウに、ボタンやテキストを並べられるんだったね。

そうそう。ここでは、「ボタンを押したら、文字列を表示させる機能」を作ってみるよ。まずは、IDLE（アイドル）を起動するところから始めよう。

IDLEを起動しよう

Pythonのインストールができたら、IDLE（アイドル）を起動しましょう。IDLEは、Pythonと一緒にインストールされる手軽にPythonを実行するためのアプリです。難しい設定をしなくても、すぐに使えます。

①-1 Windowsではスタートメニューから起動します

❶［スタート］ボタンをクリックすると、スタートメニューが表示されます。ピン留め済みの下のほうに❷［IDLE］アイコンが表示されるので、これをクリックしましょう。もし［IDLE］アイコンが見つからない場合は、検索欄に「IDLE」と入力して見つけてください。

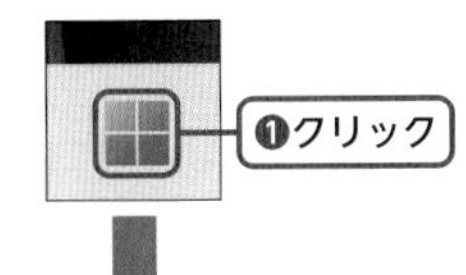

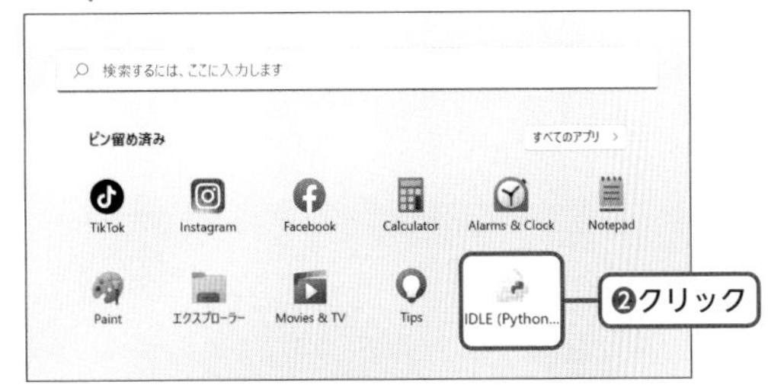

①-2 macOSでは［アプリケーション］フォルダから起動します

［アプリケーション］フォルダの中にある［Python 3.xx］フォルダの中の❶IDLE.appをダブルクリックしましょう。

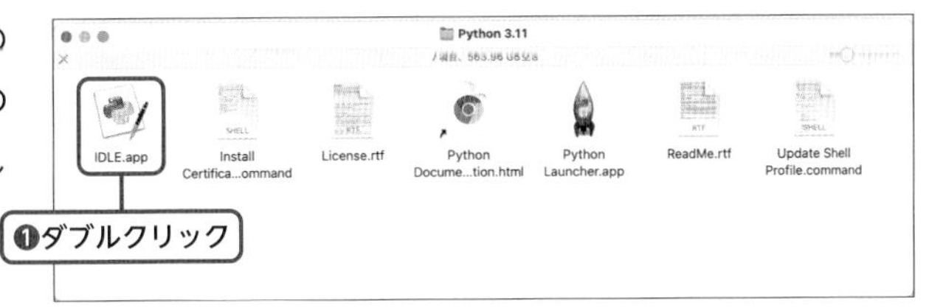

② シェルウィンドウが表示されます

IDLEが起動して、シェルウィンドウが表示されます。

Windowsの場合

```
IDLE Shell 3.11.0
File  Edit  Shell  Debug  Options  Window  Help
    Python 3.11.0 (main, Oct 24 2022, 18:26:48) [MSC v.1933 64 bit (AMD64)] on win32
    Type "help", "copyright", "credits" or "license()" for more information.
>>>
```

macOSの場合

```
IDLE Shell 3.11.0
    Python 3.11.0 (v3.11.0:deaf509e8f, Oct 24 2022, 14:43:23) [Clang 13.0.0 (clang-1300.0
    .29.30)] on darwin
    Type "help", "copyright", "credits" or "license()" for more information.
>>> |
```

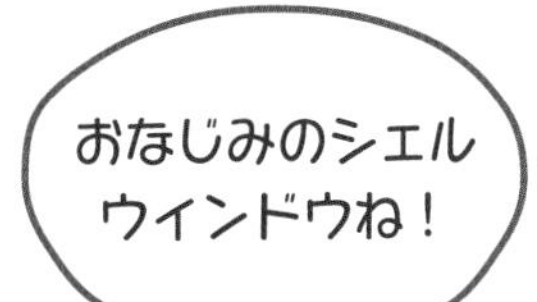

 tkinterを使って「こんにちはアプリ」を作ってみよう

それでは、tkinterのテスト用プログラムをファイルに書いて、実行してみましょう。主な手順は以下の３つです。

プログラムを実行させる手順

①新規ファイルを作って、プログラムを書く
②ファイルを保存する
③実行する

手順はとっても簡単だよ！

① 最初に「新規ファイル」を作るところから始めます

［File］メニュー→❶［New File］を選択します（この画面はmacOSですが、Windowsでもほぼ同じです）。

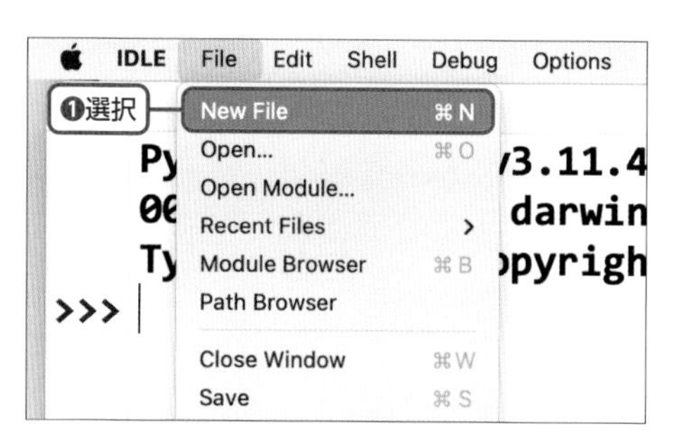

② プログラムを入力するウィンドウが表示されます

真っ白なウィンドウが表示されます。ここにプログラムを入力していきます。

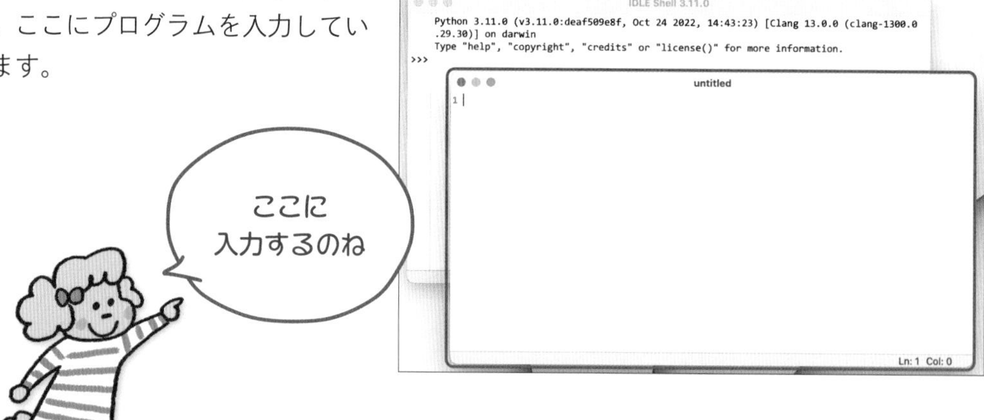

③ プログラムを入力します

以下がテストアプリのプログラムです。入力してみましょう。

test101.py

```
import tkinter as tk

def execute():
    txt = "こんにちは。"
    lbl.configure(text=txt)

root = tk.Tk()
root.title("こんにちはテスト")
root.geometry("200x100")

lbl = tk.Label(text="")
btn = tk.Button(text="実行", command = execute)

lbl.pack()
btn.pack()
tk.mainloop()
```

※「root.geometry("200x100")」の「x」は、英数半角小文字のエックスを入力してください。

④ 次に、ファイルを保存します

［File］メニュー→❶［Save］を選択します。

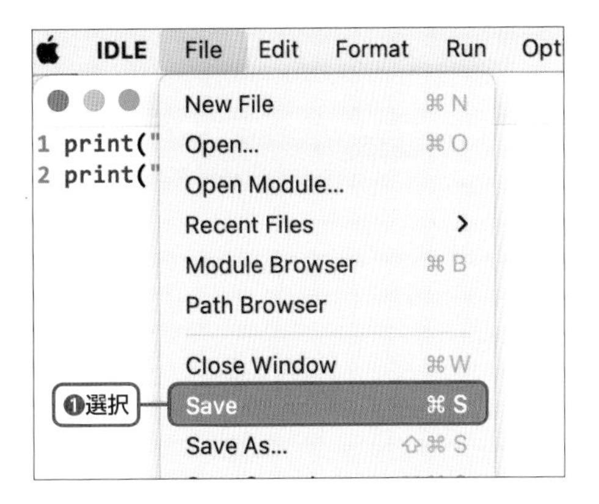

⑤ファイル名に拡張子をつけましょう

表示される［Save As］ダイアログで❶ファイル名を入力して、❷［Save］ボタンをクリックしましょう。Pythonファイルの拡張子は「.py」なので、例えば「test101.py」のように名前の末尾に「.py」をつけます。

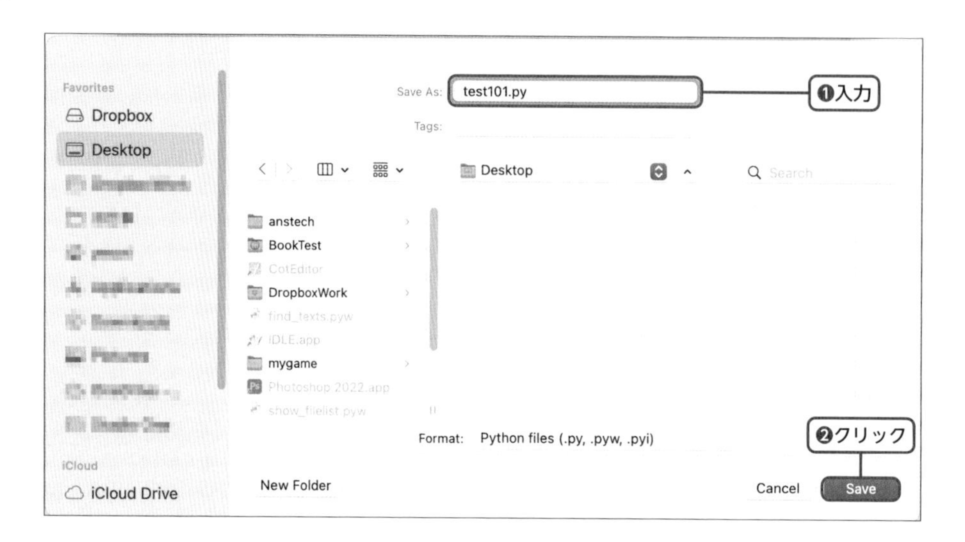

⑥それでは、プログラムを実行しましょう

［Run］メニュー→❶［Run Module］を選択します。「こんにちはテスト」の画面が表示されるので、❷［実行］ボタンをクリックするとPythonは、❸あいさつを表示してくれます。

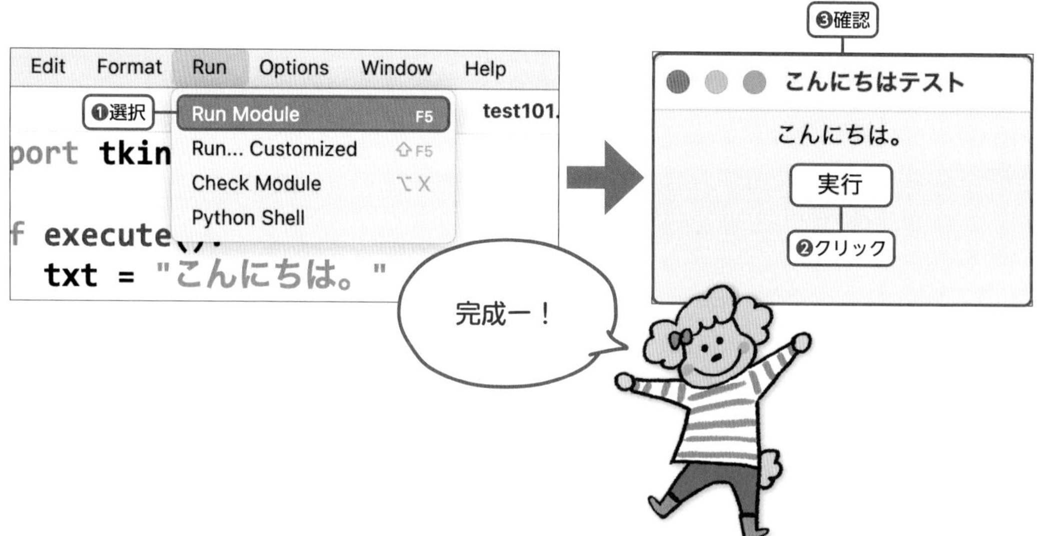

これは、「ボタンを押すと"こんにちは。"と表示するアプリ」だ。実行したら、ボタンを押してみよう。

できたできた！　ボタンで表示されたよ～。

さて、フタバちゃん。アプリ作りは、このtkinterを使って説明していってもいいんだけど。もっと楽しいほうがいいよね。

ん？　そりゃ、楽しいほうがいいよ。

LESSON 04

PySimpleGUIでアプリを作ろう

PySimpleGUIをインストールして、テストアプリを作ってみましょう。また、ダブルクリックでアプリを起動させる方法を学びましょう。

tkinterアプリは見た目がちょっと古い感じなんだけど、もっとカラフルなアプリが作れて、作り方もわかりやすいライブラリがあるよ。

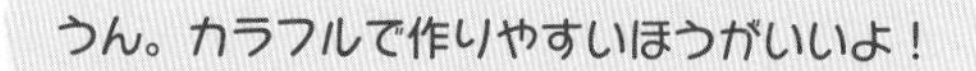

うん。カラフルで作りやすいほうがいいよ！

では、PySimpleGUIライブラリを使ってみよう。PySimpleGUIは標準ライブラリじゃないから、自分でインストールするよ。

ライブラリをインストールする：Windows

PySimpleGUIは外部ライブラリなので、以下の手順でインストールしましょう。WIndowsにライブラリをインストールするときは、コマンドプロンプトを使います。

1 コマンドプロンプトを起動します

まず、コマンドプロンプトを起動します。

タスクバーにある❶［検索］ボタンをクリックして、❷検索窓に「cmd」と入力します。❸表示された［コマンドプロンプト］を選択すると、コマンドプロンプトが起動します。

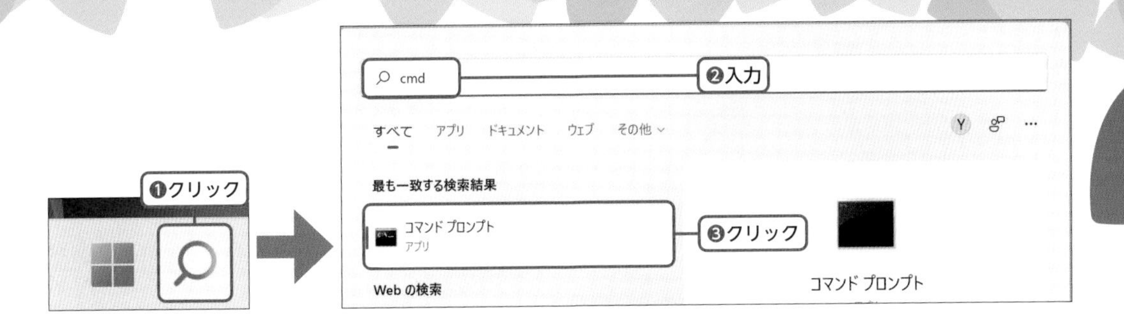

② PySimpleGUIをインストールします

❶pipコマンドでインストールします。

書式:PySimpleGUI のインストールコマンド(Windows)

```
py -m pip install pysimplegui
```

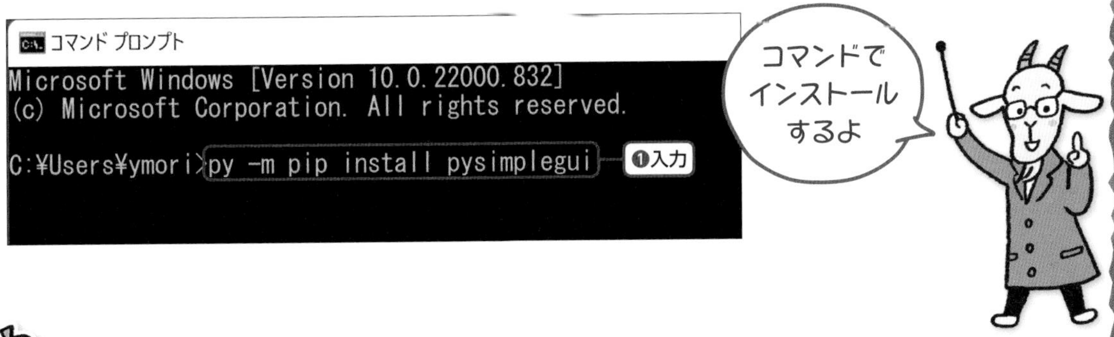

ライブラリをインストールする：macOS

macOSにライブラリをインストールするときは、ターミナルを使います。

① ターミナルを起動します

［アプリケーション］フォルダの中の［ユーティリティ］フォルダにある❶ターミナル.appをダブルクリックしましょう。ターミナルが起動します。

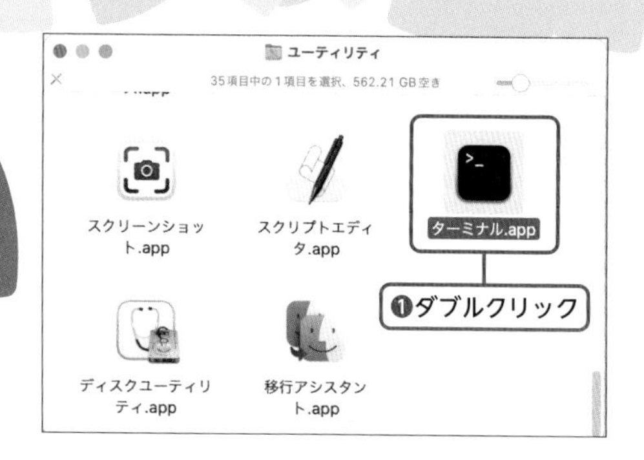

② PySimpleGUIをインストールします

❶pipコマンドでインストールします。

書式：PySimpleGUIのインストールコマンド（macOS）

```
python3 -m pip install pysimplegui
```

```
ターミナル — -tcsh — 80×24
Last login: Mon Aug  8 13:51:58 on ttys000
[                ] ymori% python3 -m pip install pysimplegui
```

❶入力

ライブラリのインストールが終わったら動作確認だ。PySimpleGUIを使って、先ほどと同じ「ボタンでこんにちはと表示するアプリ」を作ってみるよ。

PySimpleGUIを使って「こんにちはアプリ」を作ってみよう

PySimpleGUIライブラリを使うので、「import PySimpleGUI as sg」と命令します。これで、PySimpleGUIという長いライブラリ名を「sg」という省略名で扱えるようになります。

書式：PySimpleGUIをインポートして、sgという省略名で使う

```
import PySimpleGUI as sg
```

以下がPySimpleGUIのテストアプリのプログラムです。入力してみましょう。

test102.py

```
import PySimpleGUI as sg

layout = [[sg.T(k="txt")],
          [sg.B("実行", k="btn")]]
win = sg.Window("こんにちはテスト", layout, size=(200,100))

def execute():
    win["txt"].update("こんにちは。")

while True:
    e, v = win.read()
    if e == "btn":
        execute()
    if e == None:
        break
win.close()
```

出力結果

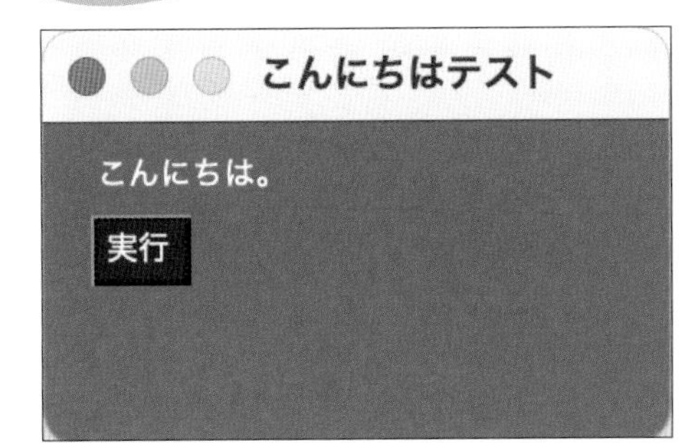

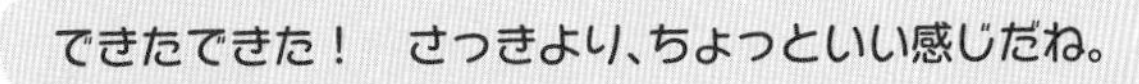

できたできた！　さっきより、ちょっといい感じだね。

これをもっと、アプリっぽくしてみようか。

どういうこと？

ダブルクリックでアプリを起動させよう

今はアプリを実行するのに、IDLEのメニュー［Run］→［Run Module］を選択したけれど、IDLEを使わずにファイルをダブルクリックするだけでアプリを起動させる方法もあるんだ。ファイル名を変更するだけでできるんだよ。

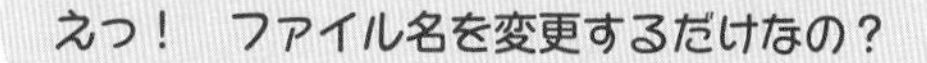

えっ！　ファイル名を変更するだけなの？

Python Launcher（パイソン・ランチャー）を利用した簡易アプリなんだ。本物のアプリは、もっとちゃんと作る必要があるんだけどね。

らんちゃー、ってなに？

Launcherには、「ロケット発射装置」という意味もあるけど、Python LauncherはPythonのファイルを即実行するアプリなんだ。

Pythonプログラムを打ち上げるのね。

Python Launcherは、拡張子が「.pyw」のファイルと関連付けされていて、「.pyw」ファイルをダブルクリックすると、Pythonプログラムを即実行するんだ。

拡張子が「.pyw」になってるだけでアプリみたいに動くのね。

だから、完成したPythonプログラムファイルの「.py」を「.pyw」に変更するだけで、ダブルクリックで起動できるというわけだ。

便利だね～。

「test102.py」のファイル名末尾の拡張子を❶「.py」から「.pyw」に変更しましょう。

修正した「test102.pyw」ファイルをダブルクリックすると、アプリが起動します。拡張子を「.pyw」に変更しましたが、そのままIDLEの［File］メニュー→［Open...］で、読み込んで、編集することもできます。

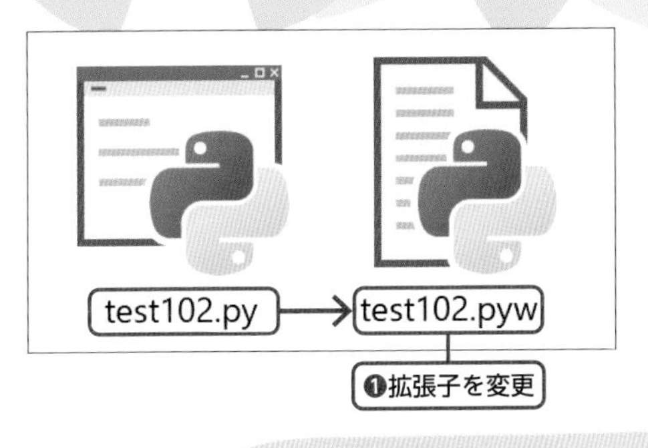

❶拡張子を変更

ファイルを、ちょんちょんっと。ダブルクリックでアプリ起動した！
アプリっぽいね！

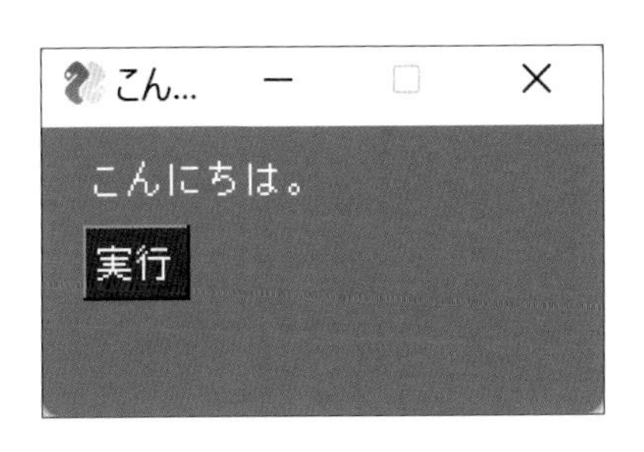

これで、エクスプローラーや Finder からすぐに実行できるようになったよ。

ダブルクリックで実行させる方法（Windows）

Windowsの設定で、拡張子が非表示になっていると拡張子の変更ができないので、拡張子を表示させましょう。もし、拡張子が表示されている場合は、［名前の変更］ですぐに拡張子を変更できます。

1. エクスプローラーを開き、❶ウインドウ上部の［表示］をクリックし❷［表示］→❸［ファイル名拡張子］を選択してチェックをつけると拡張子が表示されるようになります。

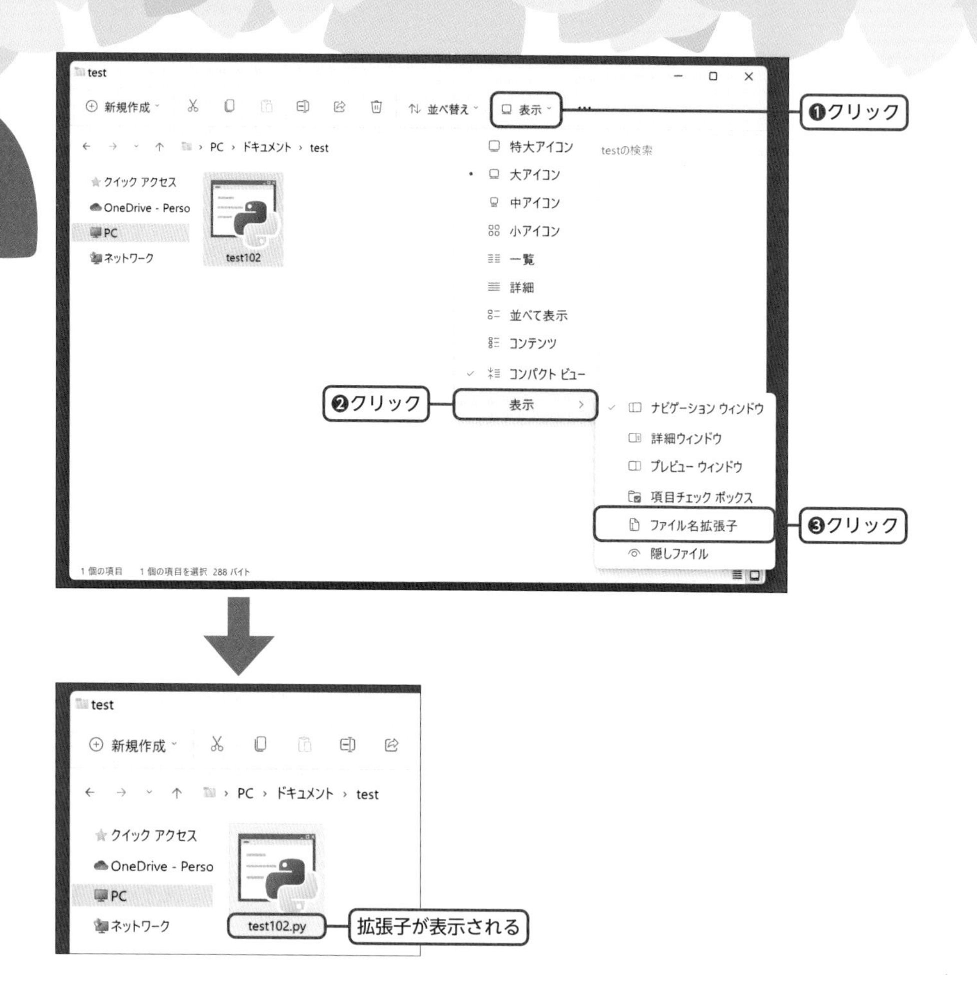

② ❶ファイルを右クリックして、［名前の変更］ボタンをクリックし、❷拡張子を「.py」から「.pyw」に変更して Enter キーを押します。

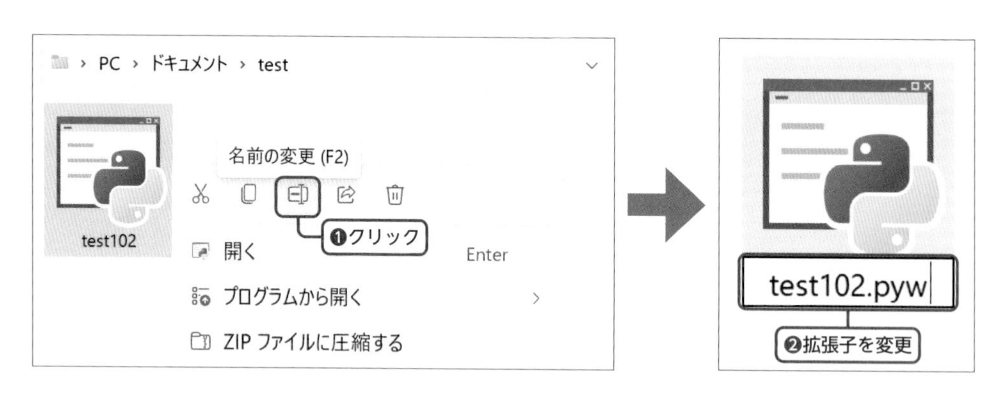

3 すると「拡張子を変更すると、ファイルが使えなくなる可能性があります。」というダイアログが表示されますが「.pyw」は使えるので、❶「はい」をクリックしてください。

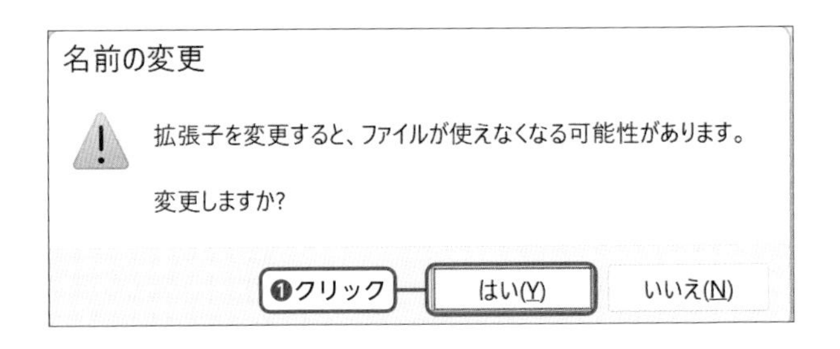

4 修正したファイルをダブルクリックしましょう。アプリが起動します。

アプリが起動しない場合

もし、ダブルクリックしてもアプリが起動しない場合、関連付けができていない可能性があります。

1 ファイルを右クリックして出るメニューから❶［プロパティ］を選択し、プロパティダイアログを表示します。

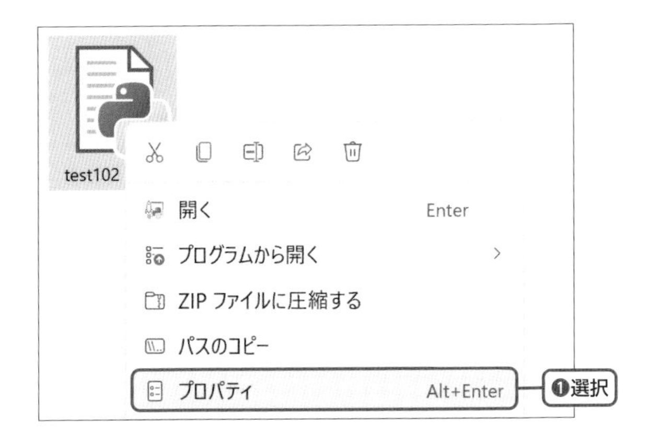

2 ❶「プログラム」の［変更］ボタンをクリックし、メニューから❷「（ロケットの絵のついた）Python」を選択し、❸［OK］ボタンをクリックしてください。これで、起動するようになります。

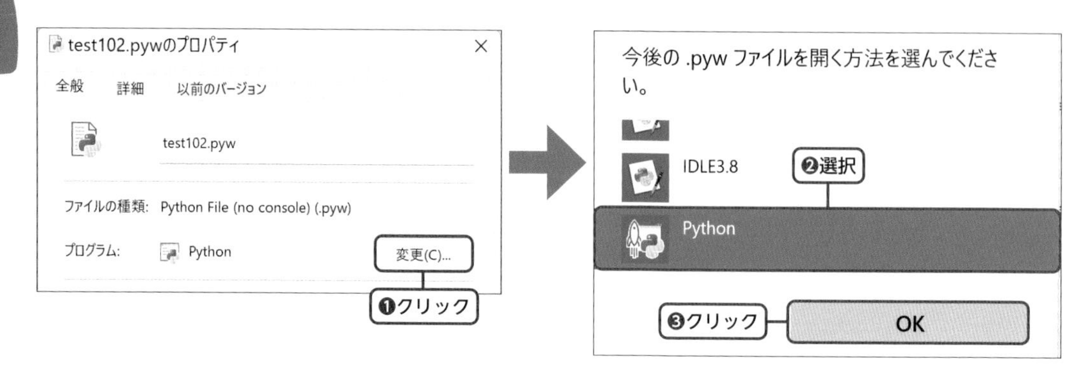

ダブルクリックで実行させる方法（macOS）

macOSの設定で、拡張子が非表示になっていると拡張子の変更ができないので、拡張子を表示させましょう。もし、拡張子が表示されている場合は、［名前を変更］ですぐに拡張子を変更できます。

1 デスクトップをクリックしてから、左上のメニューバーから［Finder］→❶［環境設定...］を選択します。❷［すべてのファイル名拡張子を表示］にチェックをつけてから❸［拡張子を変更する前に警告を表示］のチェックをはずすと、拡張子が表示されるようになります。

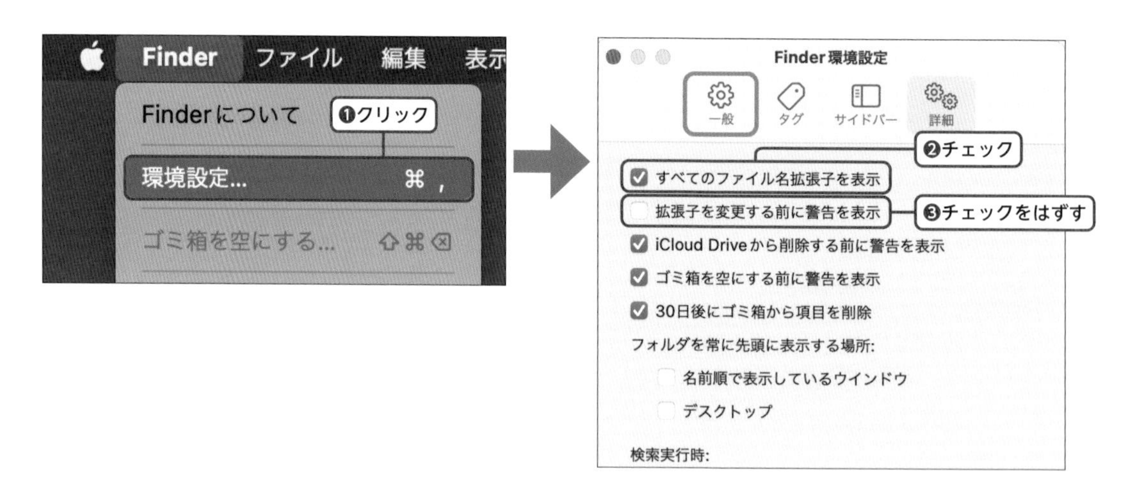

② ファイルを右クリックして出るメニューから［名前を変更］を選択し、❶拡張子を「.py」から「.pyw」に変更します。

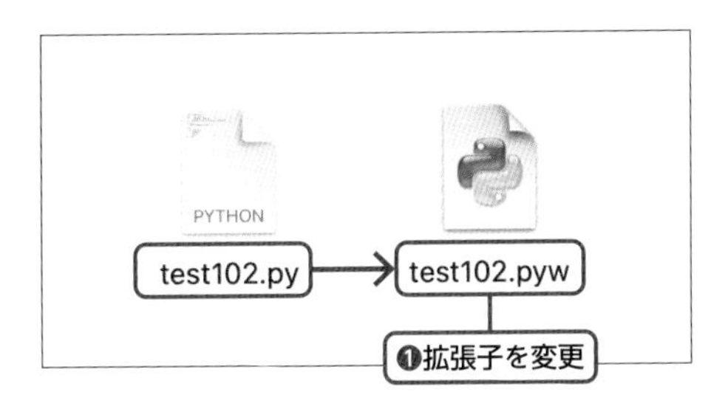

③ 修正したファイルをダブルクリックしましょう。アプリが起動します。

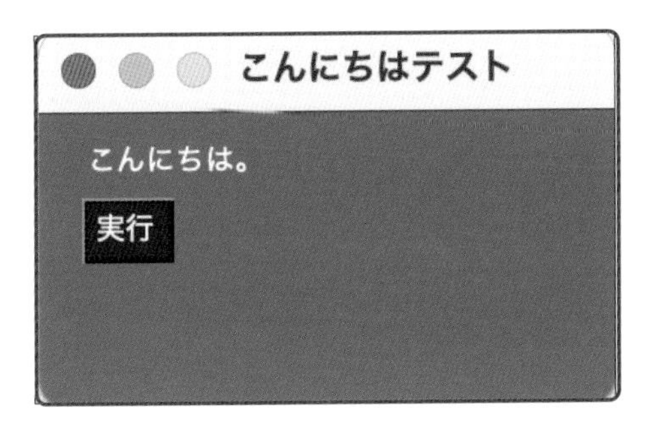

アプリが起動しない場合

もし、ダブルクリックしてもアプリが起動しない場合、関連付けができていない可能性があります。

① ファイルを右クリックして出るメニューから❶［情報を見る］を選択し、情報ダイアログを表示します。

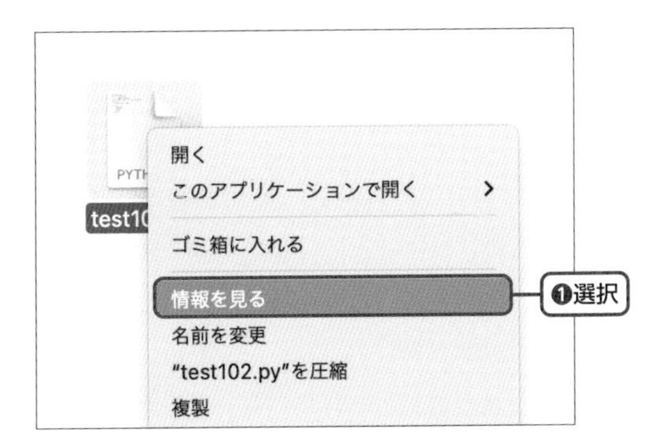

② [このアプリケーションで開く:] のメニューから❶「Python Launcher.app（Pythonのバージョン）」を選択します。

名前と拡張子:
test102.pyw
拡張子を非表示
コメント:
このアプリケーションで開く:
Python Launcher.app (3.11.0)
❶選択
同じ種類の書類はすべてこのアプリケーションで開きます。
すべてを変更...
プレビュー:

③ そのすぐ下の❶ [すべてを変更...] をクリックしたら、表示される「同じ種類の書類はすべて……変更してもよろしいですか?」ダイアログで、❷ [続ける] ボタンをクリックしてください。これで、アプリが起動するようになります。

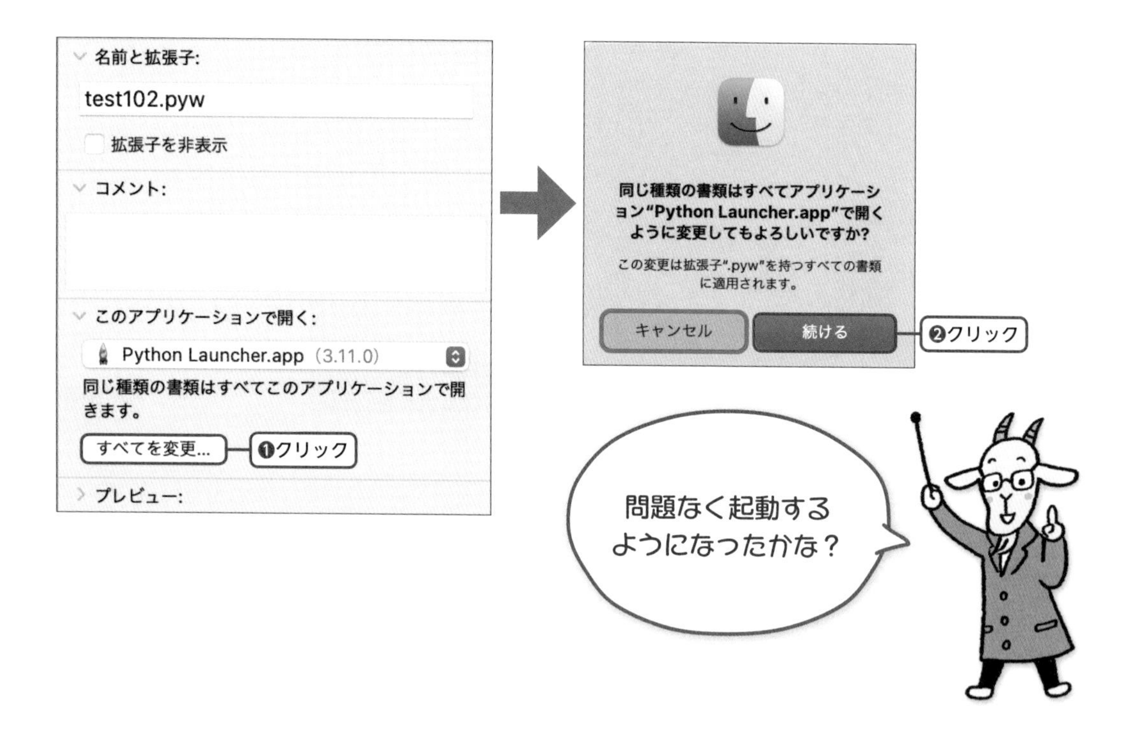

第2章
アプリ作りの基本

うん。
だいたい
合っているよ。
やった！

フタバちゃん、
アプリって
どういった
ものでできている
と思う？
えーっと。
何かを入力する
ところや、
それを計算する
ところ？？

大まかに
画面を表示する部分と
処理の実行部分の2つから
できているんだ。

どっちも
必要だねー。
そうそう。
この2つでアプリは
成り立っているんだ。

その2つで
いろんなアプリが
できていくんだね。
具体的に
アプリの作り方の
基本を見ていこう。

りょうーかい
です！

この章でやること

楽しそう！

カラフルね！

配色を選ぼう

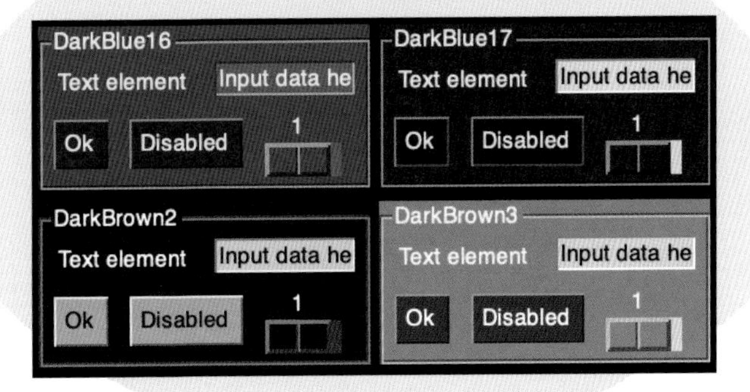

アプリ画面のレイアウトを考えよう

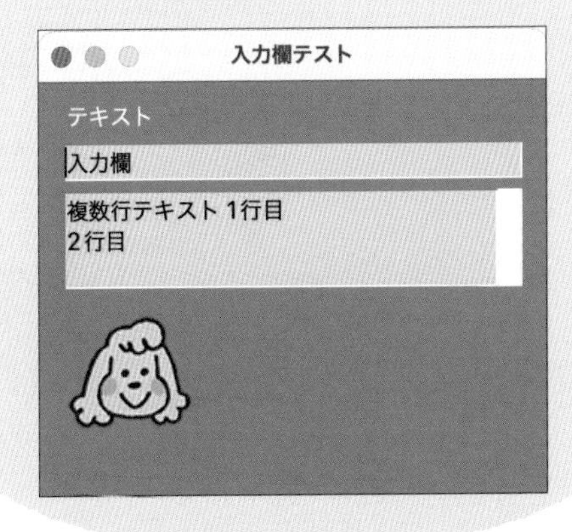

レイアウトまで
説明するよ！

LESSON 05

アプリの作り方を理解しよう

PySimpleGUI を使ったアプリの作り方の基本や、プログラムを省略して書く方法などを学びましょう。

それでは、PySimpleGUIを使ったアプリの作り方を説明していこう。

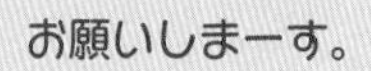

お願いしまーす。

ところでアプリというのは、ウィンドウが表示されていて、それを操作して動かしていくよね。

キーボードで入力したり、マウスで触ったりするよ。

つまりアプリは、「部品として表示される部分」と「内部的に処理を実行する部分」でできているから、この2つを作る必要がある。だからPySimpleGUIでは、「画面のレイアウト部分」と「実行部分」を分けて作っていけるようになっているんだよ。

へー。

まずは、「画面のレイアウト部分」だけを作ってみよう。どんなレイアウトにするかを、部品のリストで用意してウィンドウを作るんだよ。部品のことをエレメントと呼んだりもする。

部品ってな～に？

アプリ画面に並べる部品（入力欄やボタン）のことだ。いろいろあるよ。

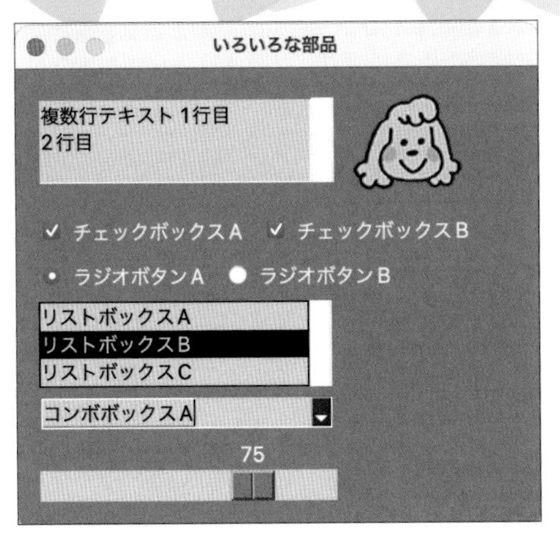

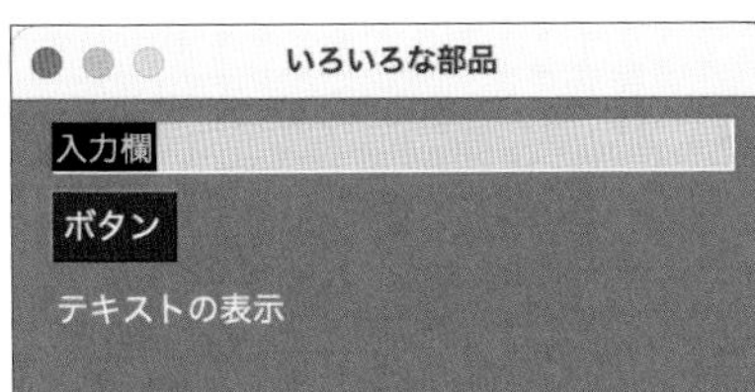

なるほど。アプリでよく見かけるやつね。

この中でもよく使う部品は、入力欄の「Input」や、ボタンの「Button」、テキストを表示させる「Text」などがある。これらをリストに入れて「Window()」命令に受け渡して作るんだ。

書式：Input、Button、Textの部品（エレメント）

```
sg.Input("<デフォルト入力文字列>")
sg.Button("<ボタン文字列>")
sg.Text("<表示文字列>")
```

書式：アプリのウィンドウを作る

```
<ウィンドウ> = sg.Window("<タイトル>", <部品のリスト>)
```

3つの部品を表示するアプリ

それでは、よく使う部品でテストアプリを作ってみよう。「Input、Button、Textを表示するアプリ」だ。以下のプログラムだよ。

あれれ？　layoutのところだけど、リストだからlayout = [要素1,要素2,要素3] って書くのかなって思ったら、[[ってカッコが2つもあるよ。

これは、「リストの各要素がリストになっている」んだ。つまり、リストのリストだ。2次元配列とも言うんだけど、layout = [[要素1],[要素2],[要素3]] という形式で書く。これには意味があるんだけど、それはあとで説明するから、まずはこのまま入力してみよう。

test201.py

```
import PySimpleGUI as sg

layout = [[sg.Input("フタバ")],
          [sg.Button("実行")],
          [sg.Text("こんにちは")]]
window = sg.Window("テスト", layout)

event, values = window.read()
window.close()
```

テスト
フタバ
実行
こんにちは

できたっと。でも[実行]ボタンを押したらアプリが終わっちゃったよ。

だってまだ、「画面のレイアウト部分」しか作ってないからね。

あっそうか。最後のほうにある「window.read()」ってなに？

「window.read()」は、「ボタンが押されるのを待つ命令」だ。ボタンが押されたとき、「どのボタンが押されたか」と、「各部品の値」を変数に渡して次の命令へ進むんだよ。

書式：ボタンが押されたことを調べる

```
<どのボタンが押されたか>, <各部品の値> = <ウィンドウ>.read()
```

書式：アプリを終了する

```
<ウィンドウ>.close()
```

さっきは「window.read()」を、テストのための一時停止機能として使っていた。ボタンを押せば、次の「window.close()」に進み、アプリが終了したというわけだ。

それでアプリが終わったのね。

次はこれに「実行部分」を追加していくよ。ところで、一般的なアプリって、ずっと表示されているよね。

[終了] ボタンを押すまで、ずっと出てるよ。

そこでこのアプリのメイン部分は、ずっと動き続ける「while True:」で無限ループをさせるんだ。だから、何回でもボタンの処理ができる。

無限にループするの？

無限ループだけど、「ウィンドウの［終了］ボタン」が押されたときは「break」でループを抜けて終了する。「もし、ウィンドウの終了ボタンが押されたら」抜けるので「if event == sg.WINDOW_CLOSED:」と書くんだけど、同じ機能を簡単な書き方にして「if event == None:」と書いているよ。

書式：アプリのメインループ

```
while True:
    event, values = window.read()
    if event == "<ボタンのkey>":
        <実行部分>
    if event == None:
        break
window.close()
```

やった。これでアプリ完成だね。

ははは。肝心の「実行部分」を作っていないよ。「実行部分」は関数で作ろうと思う。例えば、execute()という関数を作って、この関数の中に処理をまとめて書くんだ。

ふむふむ。

アプリではこれらの処理をするとき重要になってくるのが、「部品の名前」だ。

部品の名前？

「どのButtonが押されたんだろう？」と調べるときや、「あのInputの値を取得したい」ときには、目印が必要だ。それが「key」という「部品の名前」なんだ。

書式:Input、Button、Textにkeyをつけた部品(エレメント)

```
sg.Input("<デフォルト入力文字列>", key="<部品の名前>")
sg.Button("<ボタン文字列>", key="<部品の名前>")
sg.Text("<表示文字列>", key="<部品の名前>")
```

このkeyの名前を目印にして、部品を見つけるのね。

例えば、以下のようにキー付きの部品をリストで作って、実行したとする。

```
layout = [[sg.Input("フタバ", key="in")],
          [sg.Button("実行", key="btn")],
          [sg.Text(key="txt")]]
```

アプリの[実行]ボタンを押すと、「event, values = window.read()」のeventには、"btn"というkeyの名前が入ってくるんだ。このとき「if event == "btn":」と調べれば、「[実行]ボタンが押されたんだな」とわかる。もし、Buttonが複数あっても、これで区別できるんだ。

書式:ボタンが押されたかを調べる

```
if event == "<部品の名前>":
    <実行部分>
```

「どのボタンが押されたか」はeventに入ってくる。

ボタンはイベントなんだね。

でも「InputやTextなどの値」はvaluesで受け取るんだ。例えば、keyが"in"の「Input」に入力された値は、values["in"]と指定して取得するんだよ。

LESSON 05

書式：部品の値を取得する

```
values["<部品の名前>"]
```

じゃあ、Textの表示を変えたいときは、valuesを変更すればいいの？

valuesは「各部品の値が入ってきた箱」なので、これを変更しても部品の表示は変わらない。部品の表示を変えるには「window上に作った部品」に対して「update()」で命令するんだ。

部品のアップデート！

例えば、Textという部品の表示を「こんにちは」に変更したいなら、Textのkeyの"txt"を使って、window["txt"].update("こんにちは")と命令するんだ。

「ウィンドウの"txt"の部品さん、表示を"こんにちは"にアップデートしなさい」ってことなのね。

書式：画面の表示を変更する

```
window["<部品の名前>"].update("文字列")
```

こんにちは、○○さん！　アプリ

ではこれらを使って、「Buttonを押したら、『こんにちは、○○ さん！』と表示するアプリ」を作ってみましょう。

次のプログラムの、window = sg.Window("あいさつテスト", layout)の行までが、「画面のレイアウト部分」で、def execute():の行から下が「実行部分」です。これを入力して、実行してください。

test202.py

```
import PySimpleGUI as sg

layout = [[sg.Input("フタバ", key="in")],
          [sg.Button("実行", key="btn")],
          [sg.Text(key="txt")]]
window = sg.Window("あいさつテスト", layout)

def execute():
    txt = "こんにちは、"+values["in"] + "さん！"
    window["txt"].update(txt)

while True:
    event, values = window.read()
    if event == "btn":
        execute()
    if event == None:
        break
window.close()
```

····レイアウト部分

····実行部分

あいさつテスト

フタバ

実行

こんにちは、フタバさん！

［実行］ボタンを押したら、ワタシの名前を呼んでくれたよ～！

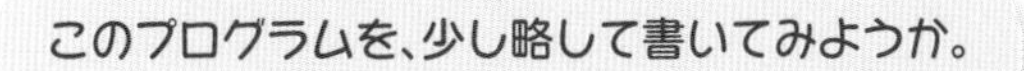

このプログラムを、少し略して書いてみようか。

そんなことできるの？

PySimpleGUIには、「省略形」が用意されている。「Input」は「I」、「Button」は「B」、「Text」は「T」、「key」は「k」と省略できるんだよ。

PySimpleGUIの省略形

名称	省略形
Input	I、In
Button	B、Btn
Text	T、Txt
key	k
Multiline	ML
Image	Im

こんにちは、○○さん！　アプリ（省略形）

本当のことを言うと「プログラムは、意味がわかるように書くのが鉄則」だから、意味のわかりにくい1文字の名前にするのはあまりよくないんだ。

えー？　そうなの？

とはいえ、「アプリを楽しく作りたい」というのも目的の1つだから、プログラムを入力しやすくするために今回だけの特別だ。

やったー。今回だけね！

ついでだから、他の変数名も「window」を「win」、「event」を「e」、「values」を「v」と省略してしまおう。すると、さっきのプログラムがこんなにシンプルになるよ。

この本のページをパラパラめくって、test202.pyとtest203.pyと見比べると違いがわかりやすいね。

test203.py

```
import PySimpleGUI as sg

layout = [[sg.I("フタバ", k="in")],
          [sg.B("実行", k="btn")],
          [sg.T(k="txt")]]
win = sg.Window("あいさつテスト", layout)

def execute():
    txt = "こんにちは、"+v["in"] + "さん！"
    win["txt"].update(txt)

while True:
    e, v = win.read()
    if e == "btn":
        execute()
    if e == None:
        break
win.close()
```

出力結果

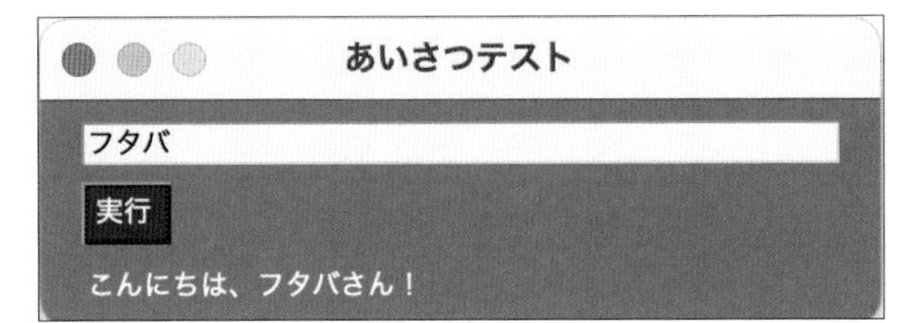

ちょっとスッキリしたね。だいぶ入力しやすくなったかも。

LESSON 06

配色を選べるよ

PySimpleGUIには、いろいろな配色のテーマが用意されています。一覧から選んで、試してみましょう。

ハカセハカセ。PySimpleGUIは「カラフルなアプリを作れる」って言ってたよね。それを知りたいのよ。

いろいろな配色の「テーマ」が用意されていて、好きなのを選べるよ。どんなテーマがあるか、一覧で見てみようか。

見たい見たい。

以下のたった2行のプログラムで表示できるよ。実行してみて。

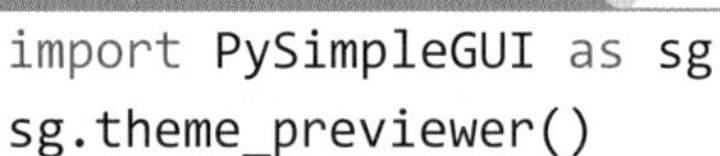

```
import PySimpleGUI as sg
sg.theme_previewer()
```

たった２行で
カラフルな色の一覧を
表示できるよ。

出力結果

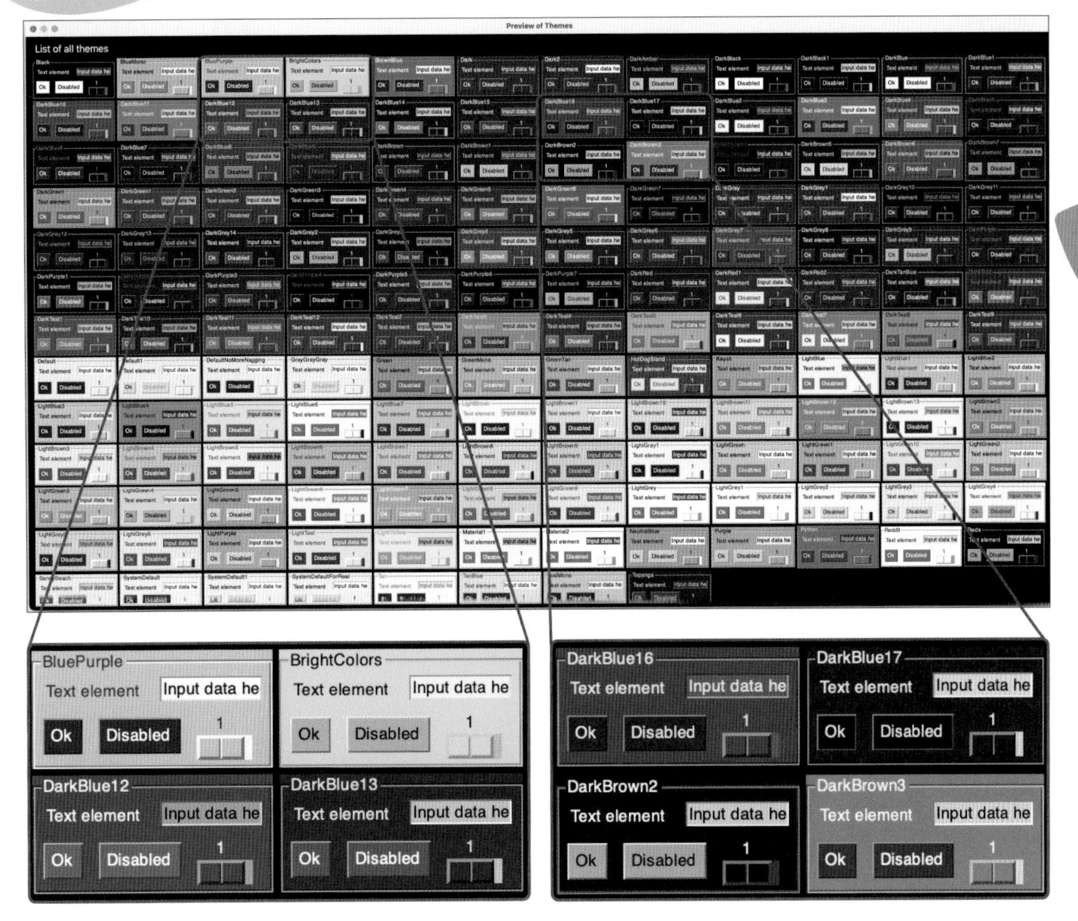

うわー。いろいろあるね～。

各色の画面の左上に「DarkBlue16」のように名前がついているよね。この名前を「theme()」命令で指定すれば、その配色のアプリを作れるんだよ。

試してみたーい。えーと、"BrightColors"はどんな感じ？

書式：テーマ（配色）を選ぶ

```
sg.theme("<テーマ名>")
```

「theme()」は配色の変更を行うけど、別の設定でアプリのウィンドウサイズや文字サイズも変更できるよ。ウィンドウを作るときのパラメータで指定するんだ。

それも試したーい。

書式：ウィンドウサイズや、文字サイズを指定する

```
<ウィンドウ> = sg.Window("<タイトル>", <部品のリスト>,
                font=(None,<文字サイズ>), size=(<幅>,<高さ>))
```

こんにちは、○○さん！　アプリ（色違い）

ではさっきの「こんにちは、○○さん！アプリ」（test203.py）を修正してみよう。テーマは"BrightColors"、文字サイズは14、ウィンドウサイズは250×120（ピクセル）にしてみよう。以下のプログラムだよ。

test205.py

```
import PySimpleGUI as sg
sg.theme("BrightColors")

layout = [[sg.I("フタバ", k="in")],
          [sg.B("実行", k="btn")],
          [sg.T(k="txt")]]
win = sg.Window("あいさつテスト", layout,
                font=(None,14), size=(250,120))

def execute():
    txt = "こんにちは、"+v["in"] + "さん！"
    win["txt"].update(txt)

while True:
    e, v = win.read()
    if e == "btn":
```

```
        execute()
    if e == None:
        break
win.close()
```

出力結果

あいさつテスト

フタバ

実行

こんにちは、フタバさん！

かわいい～！　パステルカラーだね。

他の配色も試してみるかい？

じゃあ、"Green"と"DarkTeal2"と"DarkBrown3"！

3つも試すのかい。まあ、1行修正するだけでできるよ。

【プログラムの修正部分】test206.py（抹茶カラー）

```
sg.theme("Green")
```

出力結果

あいさつテスト

フタバ

実行

こんにちは、フタバさん！

【プログラムの修正部分】test207.py（サイバーカラー）

```
sg.theme("DarkTeal2")
```

出力結果

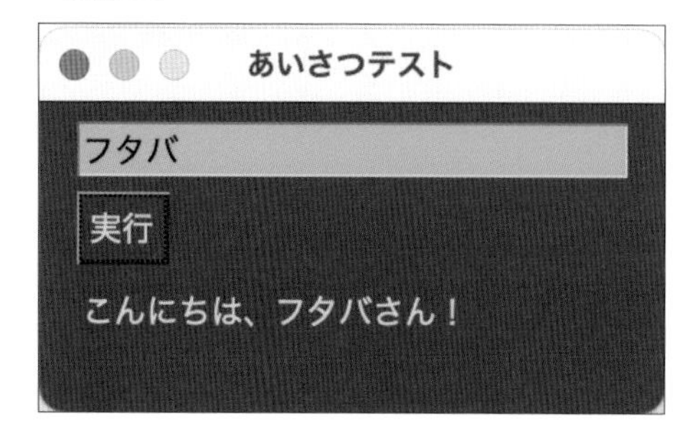

【プログラムの修正部分】test208.py（自然カラー）

```
sg.theme("DarkBrown3")
```

出力結果

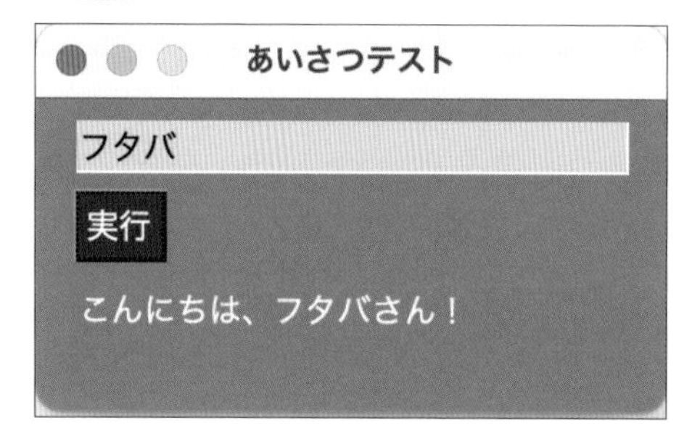

色が変わるだけで見映えがぜんぜん変わるねー。

「抹茶色」と「サイバーカラー」と「自然の色」って感じかな。どれがいいかな？

「自然の色」がいい！　ワタシ、これからこれを使うね～。

LESSON 07

レイアウトで画面を作ろう

アプリ画面をレイアウトする方法を学びましょう。リストのリストで作ります。

アプリ画面のレイアウト

配色の変更方法がわかったので、次は画面のレイアウトについて見ていこう。以前、layoutのリストは「リストのリスト」だって言ってたよね。

うん。カッコが [[なんだよね。なんでこんな書き方をするの？

```
layout = [[sg.Input("フタバ")],
          [sg.Button("実行")],
          [sg.Text("こんにちは")]]
```

この書き方だと、部品を縦横に指定して並べられるからなんだ。

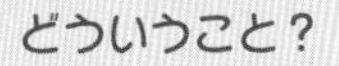

まず、外側の[ ](ブラケット)は、ウィンドウ全体を表している。そして、その内側の[ ](ブラケット)は、ウィンドウ内の縦方向の1行1行を表しているんだ。例えば上記のリストは、ウィンドウ内に、Input、Button、Textと「縦に部品が3行並んだレイアウト」だと表現している。

あいさつテスト

フタバ

実行

こんにちは、フタバさん！

それだったら外側のリストだけでできそうなのに、なんで内側にもリストが必要なの？

内側のリストは、ウィンドウ内の横方向の１行を表している。今は部品が１つだったけど、複数書くこともできる。すると横に並べることができるんだ。

へえ〜。

外側のリストで縦に並べて、内側のリストで横に並べる。この組み合わせで、部品を縦横に並べられるんだ。

リストのリストって意味があったのね。

例えば、「縦に3行、横に2列の部品を並べたアプリ」を作ってみよう。以下のプログラムになるよ。

test209.py(要素レイアウトテスト)

```
import PySimpleGUI as sg
sg.theme("DarkBrown3")

layout = [[sg.T("1行1列目"), sg.T("1行2列目")],
          [sg.T("2行1列目"), sg.T("2行2列目")],
          [sg.T("3行1列目"), sg.B("ボタン")]]
win = sg.Window("要素レイアウトテスト", layout,
                font=(None,14), size=(200,120))

e, v = win.read()
win.close()
```

出力結果

要素レイアウトテスト

1行1列目	1行2列目
2行1列目	2行2列目
3行1列目	ボタン

リストのリストは、並んでる様子がなんとなくわかるね。

Textの文字揃え

PySimpleGUIは、ウィンドウ内のレイアウトだけじゃなく、TextやInputの「左寄せ、中央寄せ、右寄せ」といった文字揃えも指定できるよ。

「中央寄せ」って、真ん中にしたいときに使うんだよね。

justificationで指定するんだけど、そのためには「どの大きさの中で文字揃えするのか」という基準が必要なので、文字揃えをするときは部品のサイズ指定も必要だよ。

書式：Text や Input の文字揃え

```
sg.Text("<表示文字列>", size=(<幅>,<高さ>), justification="<left/center/right>")
sg.Input("<表示文字列>", size=(<幅>,<高さ>), justification="<left/center/right>")
```

それでは、「TextやInputを、左寄せ、中央寄せ、右寄せで表示するアプリ」を作ってみましょう。次のプログラムを入力して、実行してください。

test210.py（文字列レイアウトテスト）

```
import PySimpleGUI as sg
sg.theme("DarkBrown3")

layout = [[sg.T("ABCDE", size=(30,1), justification="left")],
          [sg.T("ABCDE", size=(30,1), justification="center")],
          [sg.I("ABCDE", size=(30,1), justification="right")]]
win = sg.Window("文字列レイアウトテスト", layout,
                font=(None,14), size=(300,120))

e, v = win.read()
win.close()
```

指定したとおり文字揃えできたね。

出力結果

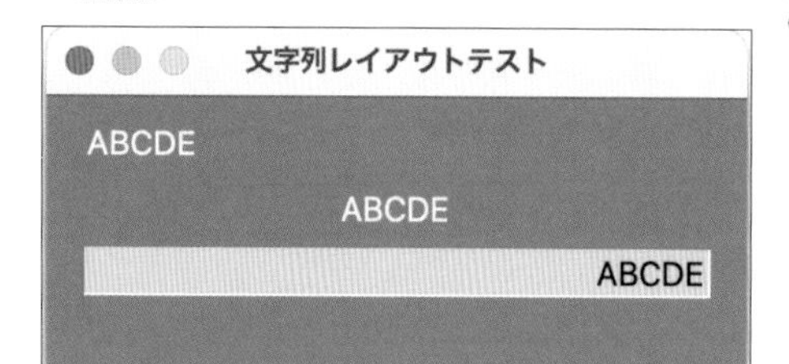

その他の部品

PySimpleGUIの部品って、他にどんなのがあったっけ？

最初言ったみたいに、一般的なアプリで見かける部品はたいていあるよ。複数行入力欄、イメージ表示、チェックボックスとか、ラジオボタン、リストボックス、コンボボックス、スライダーなどいろいろある。

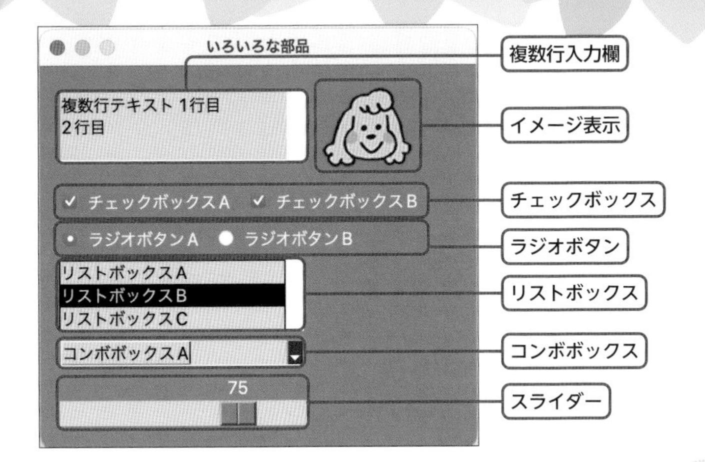

いろいろあるねー。

この中から、もう少しだけ紹介しようかな。複数行入力欄と、イメージ表示だ。Input（入力欄）のときは、1行しか入力できなかったけど、Multiline（複数行入力欄）は、何行も文字列を表示したり入力したりできるんだ。

長いテキストに使えるんだ。

改行したいときは、\（バックスラッシュ）を使った「\n」を入力するよ。そして、「Multiline」の省略形は「ML」だ。

書式：Multiline（エレメント）

```
sg.Multiline("<表示文字列>")
sg.ML("<表示文字列>")
```

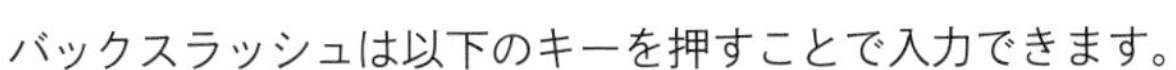

MEMO

バックスラッシュの入力

バックスラッシュは以下のキーを押すことで入力できます。

- **Windows の場合**

¥ キーを押すと入力できます。IDLE のエディタ画面には「¥」と表示される場合もありますが、効果は同じです。

- **macOS の場合**

option + ¥ キーを押すと入力できます。

Image（イメージ表示）は、画像を表示する部品だ。表示する画像ファイルを用意して、その画像ファイルのパスを指定すると表示できるんだ。「Image」の省略形は「Im」だよ。

画像を表示するのは楽しそうだね。

書式：Image（エレメント）

```
sg.Image("<画像ファイルパス>")
sg.Im("<画像ファイルパス>")
```

「Text、Input、Multiline、Imageの部品を表示するアプリ」を作ってみましょう。

このプログラムでは画像を表示させるので、futaba.pngという画像ファイルを、test211.pyと同じフォルダに用意してください。png画像であればなんでもかまいませんが、このフタバちゃんの画像（futaba.png）は、P.10のダウンロードサイトからダウンロードすることができます。

画像を用意したら、以下のプログラムを入力して、実行してください。

test211.py（いろいろな部品テスト）

```
import PySimpleGUI as sg
sg.theme("DarkBrown3")

layout = [[sg.T("テキスト")],
          [sg.I("入力欄")],
          [sg.ML("複数行テキスト 1行目\n2行目", size=(30,3))],
          [sg.Im("futaba.png")]]
win = sg.Window("入力欄テスト", layout,
                font=(None,14), size=(300,240))

e, v = win.read()
win.close()
```

出力結果

入力欄テスト

テキスト

入力欄

複数行テキスト 1行目
2行目

アプリにワタシが登場してる〜！

さあ、アプリの作り方がわかったので、次からいろいろなアプリを作っていこう。「第3章 計算アプリ」「第4章 時計アプリ」「第5章 ファイル操作アプリ」「第6章 ゲームアプリ」といろいろ考えているよ。

時計アプリもできるのね。

難易度のやさしいものから順に並べているけど、好きな章から読み始めていってもいいよ。

じゃあ、「ゲームアプリ」かな。でもやっぱり、やさしい「計算アプリ」からにしようかな〜。

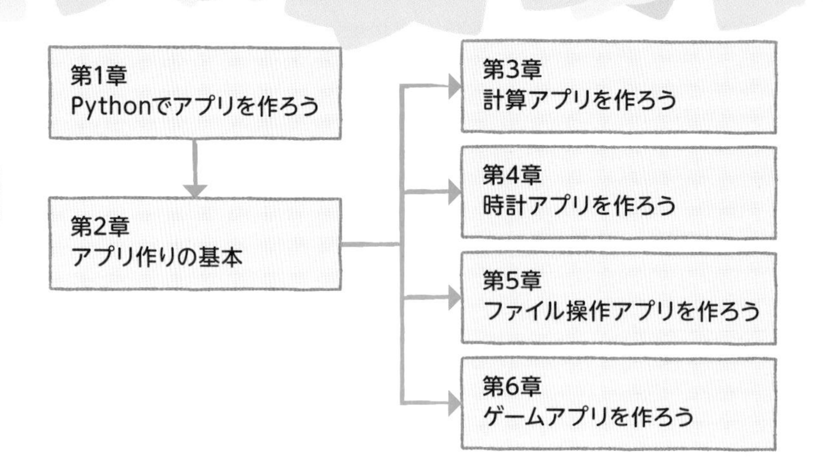
第1章
Pythonでアプリを作ろう
第2章
アプリ作りの基本
第3章
計算アプリを作ろう
第4章
時計アプリを作ろう
第5章
ファイル操作アプリを作ろう
第6章
ゲームアプリを作ろう

次の章からはいよいよ、いろいろなアプリを作っていくよ！
わくわく！

第3章
計算アプリを作ろう

いよいよおまちかね、
具体的なアプリを
作っていくよ〜！
わくわく。

どんなアプリがいい？
カンタンな
アプリからが
いいなぁ。

たとえば？
計算できる
電卓みたいな
アプリは？

いいね。
入力や出力の基本を
まなべるよ。

おー。
それは一石二鳥〜。

じゃあ、
実際に作っていこう！
は〜い！

この章でやること

割り勘アプリ

割り勘アプリ

金額と人数を入力してください。

金額 1000

人数 4

実行 1人、250.00円です。

これも…。

BMI 値計算アプリ

BMI値計算アプリ

身長と体重を入力してください。

身長cm 160

体重kg 60

実行 BMI値は、23.44です。

あれも…。

出生の秘密アプリ

出生の秘密アプリ

あなたの出生の秘密をお答えしましょう。

あなたは何歳? 18

お母さんは何歳? 48

実行

お母さんが30歳のとき、あなたを産みましたよ。

干支調べアプリ

干支調べアプリ

指定された年の干支を調べます。

西暦何年ですか? 2022

実行

2022年は、寅年です。

ぜーんぶ、f 文字列を
利用しているのね。

Intro
duction

LESSON 08

変数で文字列を作るなら、f文字列が便利

f文字列を使うと、結果をイメージしやすい文字列を作ることができます。いろいろな使い方を学びましょう。

それでは、「計算アプリ」を作っていこう。

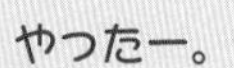

やったー。

その前に、「アプリを作るときに便利な機能」を解説しておこう

なになに？

アプリは、結果を表示させることが多いけど、このときに便利なのが「フォーマット済み文字列リテラル」だ。略して「f文字列」とも言うよ。

なんか、ややこしい名前だね。

処理の結果は変数に入っているけど、その変数の値をそのまま表示してもわかりにくいから、説明の文字列を前後に足して読みやすくできるんだ。

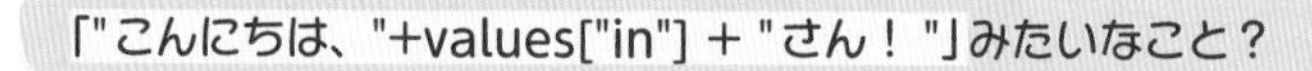

「"こんにちは、"+values["in"] + "さん！"」みたいなこと？

そうそう。そしてf文字列を使えば、文字列の足し算がいらなくなるんだ。変数の値を、文字列の中に埋め込んでしまえるんだよ。

へー。

さっきのは、f文字列で「f"こんにちは、{values["in"]}さん！"」と書けるんだ。

あんまり短くなってないよ。

長さはそんなに変わらないけど、「イメージしやすくなる」のがメリットなんだ。具体的な例で見ていこう。

書式：f文字列の書き方

f"文字列{変数名または式}文字列"

f文字列テスト（文字列、整数を埋め込む）

f文字列では、①まず文字列の前に「f」を書く。

頭に「f」をつけるのね。

②文字列の中の変数名を埋め込みたいところに、波括弧で変数名を囲んで書く。これで、「{変数名}」が「値」に置き換わるんだよ。変数のデータ型はなんでも大丈夫。整数や小数やリストでも文字列になるんだ。

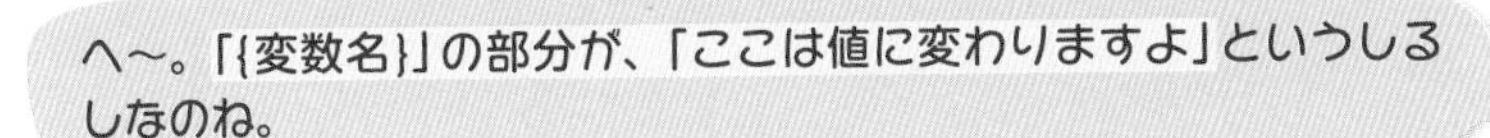

へ～。「{変数名}」の部分が、「ここは値に変わりますよ」というしるしなのね。

例として、「変数aに文字列、変数bに整数を入れて、それを文字列に埋め込んで表示するプログラム」を作ってみましょう。次のプログラムを入力して、実行してください。

test301.py

```
a = "富士山"
b = 3776
txt = f"{a}の高さは、{b}mです。"
print(txt)
```

出力結果

```
富士山の高さは、3776mです。
```

「{a}の高さは、{b}mです。」が、「富士山の高さは、3776mです。」に変わったってことね。なんかわかりやすいかも。

元の値	a="富士山"、b=3776
書式	{a}の高さは、{b}mです。

変換後	富士山の高さは、3776mです。

f文字列テスト（計算式）

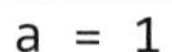

この波括弧の中には式も書けるんだ。例えば、「f"{a + b}"」と指定すると「a+bの計算結果」が表示されるよ。

test302.py

```
a = 1
b = 2
print(f"a={a} b={b}")
print(f"{a}+{b}={a+b}")
```

出力結果

```
a=1  b=2
1+2=3
```

「{a}+{b}={a+b}」って、ややこしいと思ったけど、波括弧をひとまとめにして、目を薄〜くして見れば、「○+○=○」ってことなのね。

元の値	a=1、b=2
書式	{a}+{b}={a+b}
↓	
変換後	1+2=3

f文字列テスト（桁区切り、ゼロ埋め、小数点以下の桁数）

さらにf文字列は、数値を読みやすい形式に変換することもできるんだ。

へー。

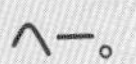

3桁ごとにカンマで区切って表示する「桁区切り」は、「f"{変数名:,}"」と書くだけでできるよ。

それってお金持ちの貯金通帳とかに出てくる金額のカンマね。

「test0001」「test0012」みたいに、桁数が足りない部分を0で埋める「ゼロ埋め」は、「f"{変数名:0桁数}"」でできる。

ふーん。

小数の小数点以下の桁数を指定するには、「f"{変数名:.<小数点以下桁数>f}"」と書けばいい。桁数を超えたら四捨五入、桁数が足りないとゼロ埋めしてくれるんだ。

いろいろな変換方法があるのね〜。

書式：f文字列：桁区切り、ゼロ埋め、小数点以下の桁数

```
f"文字列{変数名または式:,}文字列"                     # 桁区切り
f"文字列{変数名または式:0<桁数>}文字列"               # ゼロ埋め
f"文字列{変数名または式:.<小数点以下桁数>f}文字列"    # 小数点以下の桁数
```

test303.py

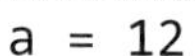

```python
a = 12
b = 1234567
print(f"桁区切り:a={a:,} b={b:,}")
print(f"5桁未満はゼロ埋め:a={a:05} b={b:05}")
c = 123.4
d = 123.456789
print(f"小数点以下3桁:c={c:.3f} d={d:.3f}")
print(f"小数点以下5桁:c={c:.5f} d={d:.5f}")
```

出力結果

```
桁区切り:a=12 b=1,234,567
5桁未満はゼロ埋め:a=00012 b=1234567
小数点以下3桁:c=123.400 d=123.457
小数点以下5桁:c=123.40000 d=123.45679
```

変換方法を
知っておこう！

元の値	a=12、b=1234567	c=123.4、d=123.456789
書式	a={a:,} b={b:,} a={a:05} b={b:05}	c={c:.3f} d={d:.3f} c={c:.5f} d={d:.5f}
変換後	a=12 b=1,234,567 a=00012 b=1234567	c=123.400 d=123.457 c=123.40000 d=123.45679

f文字列テスト（2進数、16進数表示）

プログラムで便利な2進数や16進数の表示もあるよ。2進数は「f"{変数:#b}"」で、16進数は「f"{変数:#x}"」で表示できるんだ。

書式：f 文字列：2 進数、16 進数

```
f"文字列{変数名または式:#b}文字列"   # 2進数
f"文字列{変数名または式:#x}文字列"   # 16進数
```

test304.py

```
a = 123
b = 255
c = 65535
print(f" 2進数:a={a:#b} b={b:#b} c={c:#b}")
print(f"16進数:a={a:#x} b={b:#x} c={c:#x}")
```

出力結果

```
 2進数:a=0b1111011 b=0b11111111 c=0b1111111111111111
16進数:a=0x7b b=0xff c=0xffff
```

元の値

```
a=123、b=255、c=65535
```

書式

```
a={a:#b} b={b:#b} c={c:#c}
a={a:#x} b={b:#x} c={c:#x}
```

変換後

```
a=0b1111011 b=0b11111111 c=0b1111111111111111
a=0x7b b=0xff c=0xffff
```

2 進数、16 進数で
表示できたね。

割り勘アプリ

「金額と人数を入力すると、1人分の金額を表示するアプリ」を作りましょう。

便利なf文字列がわかったところで、いよいよ具体的なアプリを作っていこう。まずは「割り勘アプリ」だ。「金額と人数を入力すると、1人分の金額を表示するアプリ」だよ。

みんなでごはん食べたとき、1人何円ってわかるのね。

完成予想図

割り勘アプリ

金額と人数を入力してください。

金額 1000

人数 4

実行　1人、250.00円です。

 割り勘アプリの計画

1人分の金額は「総支払額÷人数」で計算できます。総支払額を変数「in1」、人数を変数「in2」として「in1 / in2」で求めましょう。

この結果を、f文字列を使って「1人、○円です。」と表示させたいと思います。割り切れない場合もあるので小数点以下2桁まで表示するとして、「f"1人、{in1 / in2 :.2f}円です。"」と指定します。

テストとして、1000円を4人で割り勘するプログラムを作ってみましょう。以下のプログラムを実行してください。

test305.py

```
in1 = 1000
in2 = 4
txt = f"1人、{in1 / in2 :.2f}円です。"
print(txt)
```

出力結果

```
1人、250.00円です。
```

割り勘アプリのレイアウト

次は、アプリの画面を考えます。

金額と人数を入力して、ボタンを押して、結果を表示するので、必要な部品は「金額の入力欄（in1）」と「人数の入力欄（in2）」と「実行ボタン（btn）」と「結果表示のテキスト（txt）」です。ですが、この部品だけでアプリを作ると、始めて使う人にはよくわからない画面になってしまいます。

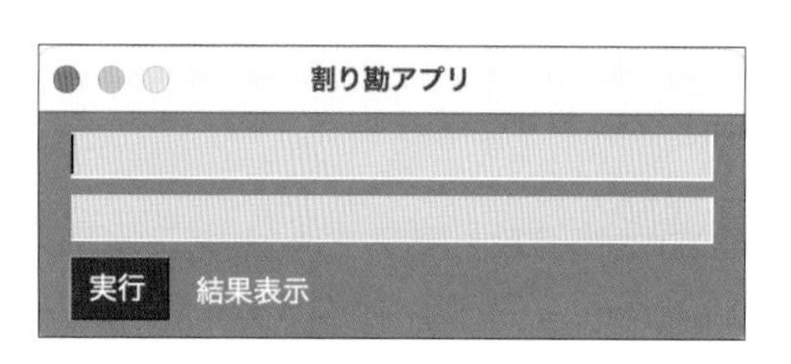

なにを入力するのか
よくわからないね。

そこで、説明文のテキストを追加しましょう。

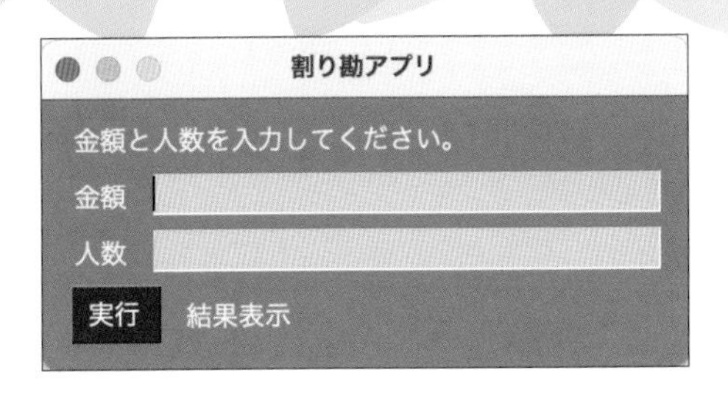

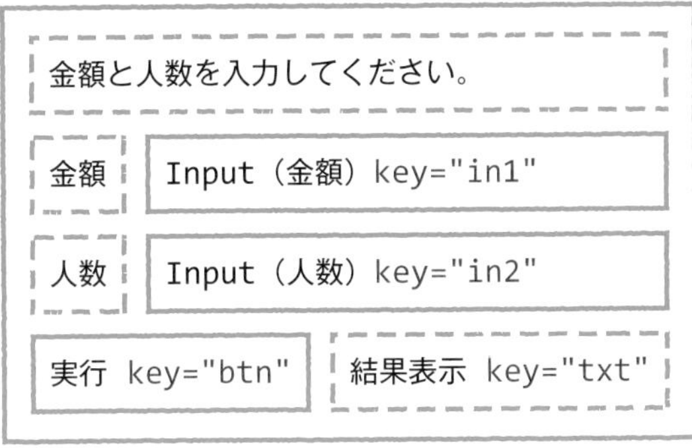

これをlayoutのリストにすると以下のようになります。「結果表示」のテキストは、実行すれば表示されますが、最初はなにも表示しないので「sg.T(k="txt")」と空っぽのテキストを配置します。

```
layout = [[sg.T("金額と人数を入力してください。")],
          [sg.T("金額"),sg.I(k="in1")],
          [sg.T("人数"),sg.I(k="in2")],
          [sg.B(" 実行 ", k="btn"), sg.T(k="txt")]]
```

割り勘アプリを作る

それでは「割り勘アプリ」を作ってみましょう。

ボタンを押したら実行するexecute()関数を「test305.py」の計算方法で作ります。結果はupdate()で表示します。

例：ボタンを押したら、1人分を計算する関数

```
def execute():
    in1 = int(v["in1"])
    in2 = int(v["in2"])
    txt = f"1人、{in1 / in2 :.2f}円です。"
    win["txt"].update(txt)
```

参考用のデフォルト値として、Inputの「in1」には"1000"、「in2」には"4"を入れておきましょう。

warikan.py

```
import PySimpleGUI as sg
sg.theme("DarkBrown3")

layout = [[sg.T("金額と人数を入力してください。")],
          [sg.T("金額"),sg.I("1000", k="in1")],
          [sg.T("人数"),sg.I("4", k="in2")],
          [sg.B(" 実行 ", k="btn"), sg.T(k="txt")]]
win = sg.Window("割り勘アプリ", layout,
                font=(None,14), size=(320,150))

def execute():
    in1 = int(v["in1"])
    in2 = int(v["in2"])
    txt = f"1人、{in1 / in2 :.2f}円です。"
    win["txt"].update(txt)

while True:
    e, v = win.read()
    if e == "btn":
      execute()
    if e == None:
        break
win.close()
```

出力結果

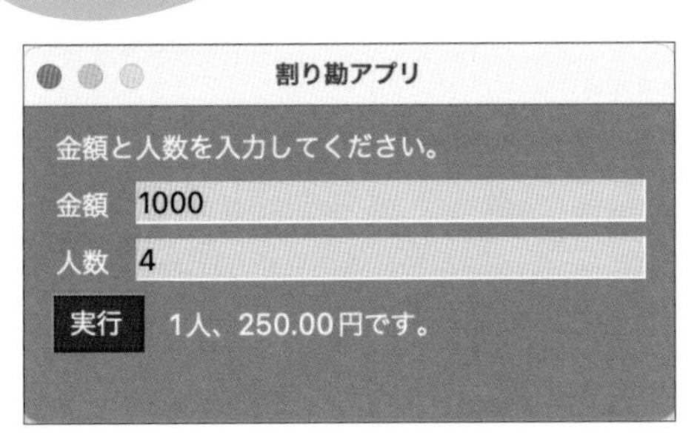

便利なアプリが、ワタシの手で作れたよ！　うれしいな。

LESSON 10

BMI値計算アプリ

「身長と体重を入力すると、肥満度のBMI値を表示するアプリ」を作りましょう。

次は「BMI値計算アプリ」だ。「身長と体重を入力すると、肥満度のBMI値を表示するアプリ」だよ。

あっ、BMI値の計算って『Python1年生』でやったことあるよね。

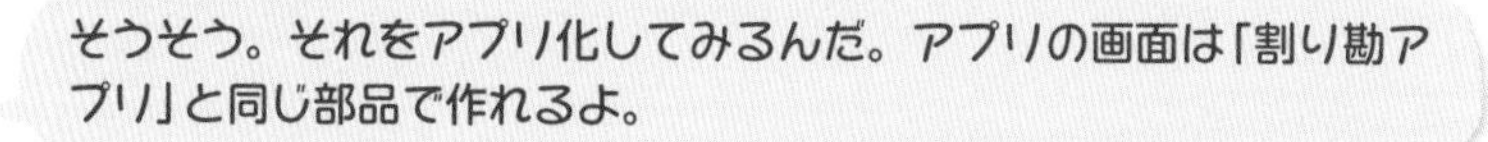

そうそう。それをアプリ化してみるんだ。アプリの画面は「割り勘アプリ」と同じ部品で作れるよ。

完成予想図

BMI値計算アプリ

身長と体重を入力してください。

身長cm 160

体重kg 60

実行 BMI値は、23.44です。

BMI値計算アプリの計画

BMI値は、「体重kg ÷ (身長m × 身長m)」で計算できます。身長（m）を「in1」、体重（kg）を「in2」として「in2 / (in1 * in1)」で求め、変数bmiに入れましょう。

この結果を、f文字列を使って「BMI値は、○です。」と表示させたいと思います。割り切れない場合もあるので小数点以下2桁まで表示するとして、「f"BMI値は、{bmi:.2f}です。"」と指定します。

テストとして、身長1.6m、体重60kgのBMI値の計算プログラムを作ってみましょう。以下のプログラムを実行してください。

test306.py

```
in1 = 1.60
in2 = 60
bmi = in2 / (in1 * in1)
txt = f"BMI値は、{bmi:.2f}です。"
print(txt)
```

出力結果

```
BMI値は、23.44です。
```

BMI値計算アプリのレイアウト

次は、アプリの画面を考えます。

これも、2つの値を入力して、ボタンを押して、結果を表示するので、必要な部品は「身長の入力欄（in1）」と「体重の入力欄（in2）」と「実行ボタン（btn）」と「結果表示のテキスト（txt）」です。さらに意味がわかるように「説明文のテキスト」を追加しましょう。

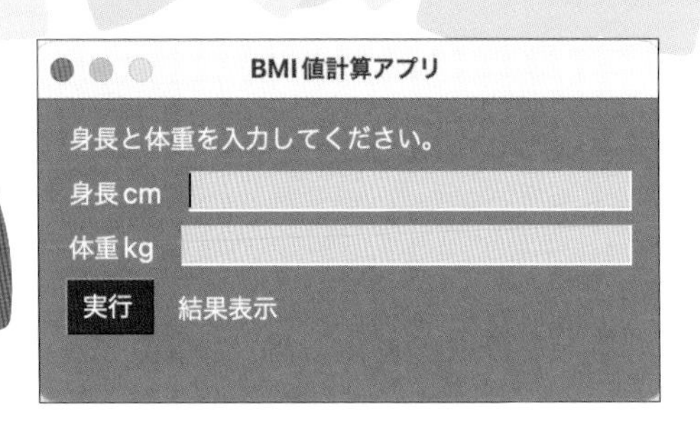

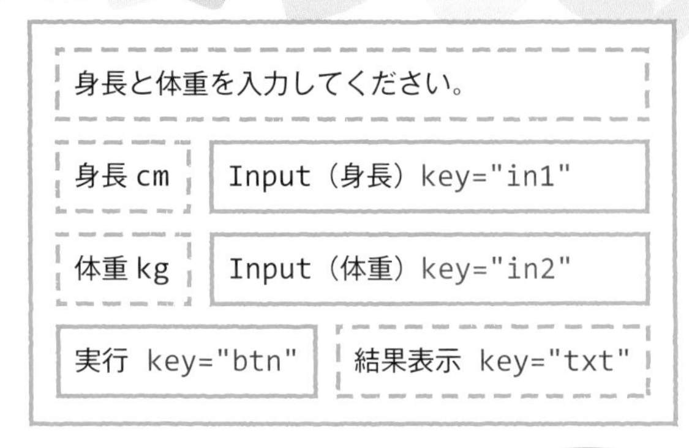

これをlayoutのリストにすると以下のようになります。

プログラムに
反映されているね。

```
layout = [[sg.T("身長と体重を入力してください。")],
          [sg.T("身長cm"),sg.I("160", k="in1")],
          [sg.T("体重kg"),sg.I("60", k="in2")],
          [sg.B(" 実行 ", k="btn"),sg.T(k="txt")]]
```

 BMI値計算アプリを作る

それでは「BMI値計算アプリ」を作ってみましょう。

ボタンを押したら実行するexecute()関数を「test306.py」の計算方法で作ります。結果はupdate()で表示します。

ただし、注意することがあります。BMI値計算で使う身長の単位は「m」です。ですが、私たちは普通、「私の身長は1.6mです」とは言わず「私の身長は160cmです」と言います。つまり私たちが使っている身長の単位は「cm」です。

ですから、アプリで入力する身長の単位も「cm」のほうが自然です。cmで入力させて、アプリ内部で100.0で割って単位をmにあわせて計算します。このようにアプリでは「ユーザーはどのように使うのだろうか」を考えることが重要です。

例：ボタンを押したら、BMI 値を計算する関数

```
def execute():
    in1 = float(v["in1"])/100.0
    in2 = float(v["in2"])
    bmi = in2 / (in1 * in1)
    txt = f"BMI値は、{bmi:.2f}です。"
    win["txt"].update(txt)
```

参考用のデフォルト値として、Inputの「in1」には"160"、「in2」には"60"を入れておきましょう。

bmi.py

```
import PySimpleGUI as sg
sg.theme("DarkBrown3")

layout = [[sg.T("身長と体重を入力してください。")],
          [sg.T("身長cm"),sg.I("160", k="in1")],
          [sg.T("体重kg"),sg.I("60", k="in2")],
          [sg.B(" 実行 ", k="btn"),sg.T(k="txt")]]
win = sg.Window("BMI値計算アプリ", layout,
                font=(None,14), size=(320,150))

def execute():
    in1 = float(v["in1"])/100.0
    in2 = float(v["in2"])
    bmi = in2 / (in1 * in1)
    txt = f"BMI値は、{bmi:.2f}です。"
    win["txt"].update(txt)

while True:
    e, v = win.read()
    if e == "btn":
      execute()
    if e == None:
        break
win.close()
```

出力結果

BMI値計算アプリ

身長と体重を入力してください。

身長cm 160

体重kg 60

実行　BMI値は、23.44です。

おもしろいねー。身長や体重をいろいろ変えて試してみたくなるよ。

出生の秘密アプリ

お母さんとあなたの年齢を入力して、「あなたの出生の秘密がわかるアプリ」を作りましょう。

ハカセ～。いろいろ作ってるけど、アプリに使えそうな計算式なんて、ワタシ考えつかないよ～。数学者じゃないんだから～。

計算は簡単でもおもしろいアプリはできるんだよ。アプリを使う人にとって意味があるかどうかが重要なんだ。例えば、「出生の秘密アプリ」なんてどうだい？

なにそれ。そんなアプリ作れるの？

「お母さんが何歳のときに、フタバちゃんを産んだのか」を教えてくれるアプリだよ。

そんなこと、考えたことなかったなー。

まず、現在のフタバちゃんとお母さんの年齢を入力する。そして、お母さんの年齢からフタバちゃんの年齢を引き算するんだ。そうすれば、お母さんがいつ産んでくれたのかがわかる。引き算だけでできるでしょ。

ただの引き算なのにそんなことがわかるなんて、アイデアなのね～。

完成予想図

出生の秘密アプリ

あなたの出生の秘密をお答えしましょう。

あなたは何歳? 18

お母さんは何歳? 48

実行

お母さんが30歳のとき、あなたを産みましたよ。

謎めいた名前のアプリね。

出生の秘密アプリの計画

お母さんがあなたを何歳で産んだかは、「お母さんの年齢 - あなたの年齢」で計算できます。あなたの年齢を変数「in1」、お母さんの年齢を変数「in2」として、「in2 - in1」で求めましょう。

これを、f文字列を使って「f"お母さんが{in2 - in1}歳のとき、あなたを産みましたよ。"」という表示をさせてみましょう。

テストとして、あなたの年齢を18歳、お母さんの年齢を48歳として、プログラムを作ってみます。

test307.py

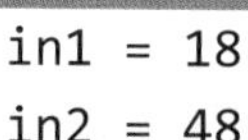

```
in1 = 18
in2 = 48
txt = f"お母さんが{in2 - in1}歳のとき、あなたを産みましたよ。"
print(txt)
```

出力結果

```
お母さんが30歳のとき、あなたを産みましたよ。
```

 出生の秘密アプリのレイアウト

次は、アプリの画面を考えます。

必要な部品は、「あなたの年齢の入力欄（in1）」と「お母さんの年齢の入力欄（in2）」と「実行ボタン（btn）」と「結果表示のテキスト（txt）」です。さらに「説明文のテキスト」を追加しましょう。

出生の秘密アプリ

あなたの出生の秘密をお答えしましょう。

あなたは何歳? 18

お母さんは何歳? 48

実行

結果表示

あなたの出生の秘密をお答えしましょう。

あなたは何歳？ | Input（年齢 1）key="in1"

お母さんは何歳？ | Input（年齢 2）key="in2"

実行 key="btn"

結果表示 key="txt"

これをlayoutのリストにすると以下のようになります。

```
layout = [[sg.T("あなたの出生の秘密をお答えしましょう。")],
          [sg.T("あなたは何歳?"),sg.I("18", k="in1")],
          [sg.T("お母さんは何歳?"),sg.I("48", k="in2")],
          [sg.B(" 実行 ", k="btn")],
          [sg.T(k="txt")]]
```

出生の秘密アプリを作る

それでは「自分の年齢と、母親の年齢を入力すると、母親が自分を何歳で産んだかがわかるアプリ」を作ってみましょう。

ボタンを押したら実行するexecute()関数を「test307.py」の計算方法で作ります。結果はupdate()で表示します。

例：ボタンを押したら、何歳で産んだかを計算する関数

```
def execute():
    in1 = int(v["in1"])
    in2 = int(v["in2"])
    txt = f"お母さんが{in2 - in1}歳のとき、あなたを産みましたよ。"
    win["txt"].update(txt)
```

参考用のデフォルト値として、Inputの「in1」には"18"、「in2」には"48"を入れておきましょう。

birth.py

```
import PySimpleGUI as sg
sg.theme("DarkBrown3")

layout = [[sg.T("あなたの出生の秘密をお答えしましょう。")],
          [sg.T("あなたは何歳?"),sg.I("18", k="in1")],
          [sg.T("お母さんは何歳?"),sg.I("48", k="in2")],
          [sg.B(" 実行 ", k="btn")],
          [sg.T(k="txt")]]
win = sg.Window("出生の秘密アプリ", layout,
                font=(None,14), size=(420,170))

def execute():
    in1 = int(v["in1"])
    in2 = int(v["in2"])
    txt = f"お母さんが{in2 - in1}歳のとき、あなたを産みましたよ。"
    win["txt"].update(txt)
```

```
while True:
    e, v = win.read()
    if e == "btn":
      execute()
    if e == None:
        break
win.close()
```

出力結果

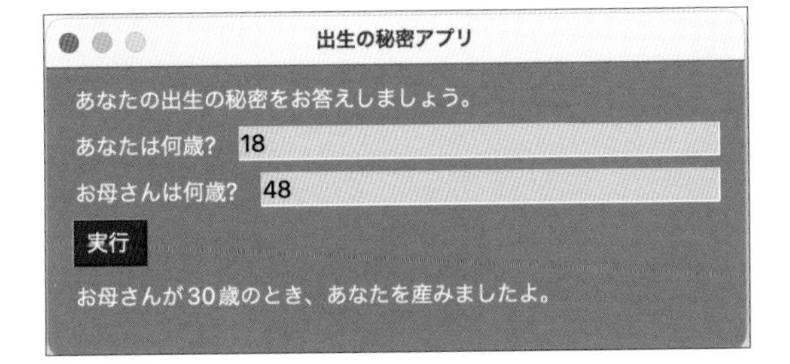

お母さんは、30歳のときにワタシを産んでくれたってことか。なんだか感慨深いね。

干支調べアプリ

「指定した年の干支（えと）がわかる、干支調べアプリ」を作りましょう。

次は、データを使ったアプリを作ってみよう。「指定した年の干支がわかる、干支調べアプリ」だよ。

来年の干支はなにかなって、すぐわかるんだね。

完成予想図

干支調べアプリ

指定された年の干支を調べます。

西暦何年ですか？ 2022

実行

2022年は、寅年です。

 干支調べアプリの計画

まず、「干支データ」をリストで用意します。
干支は12種類あるので、「西暦年を12で割った余り」で調べることができそうです。

```
eto = ["子","丑","寅","卯","辰","巳","午","未","申","酉","戌","亥"]
```

このetoリストで「0」は「子」、「2」は「寅」ですが、実際の西暦年を12で割った余りとは、ずれているかもしれないので確認しましょう。

例えば、西暦2008年の干支は「子」です。etoリストでは「0」ですが、「2008を12で割った余り」つまり、「2008 % 12 = 4」なので、4ずれています。ですので、先に4を引いて「(2008 - 4) % 12 = 0」と計算しましょう。すると「0」が求められ、計算でリストの「子」を取り出すことができます。

西暦年を変数「in1」として、「etonum = (in1 - 4) % 12」と計算すれば、干支を取り出す数値を求めることができるのです（または8を足して、「etonum = (in1 + 8) % 12」でも求められます）。

干支	子	丑	寅	卯	辰	巳	午	未	申	酉	戌	亥	子
年	2008	2009	2010	2011	2012	2013	2014	2015	2016	2017	2018	2019	2020
年%12	4	5	6	7	8	9	10	11	0	1	2	3	4
(年-4)%12	0	1	2	3	4	5	6	7	8	9	10	11	0

これを、f文字列で「f"{in1}年は、{eto[etonum]}年です。"」と書いて、表示させましょう。テストとして、2022年の干支を求めるプログラムを作ってみます。

test308.py

```
eto = ["子","丑","寅","卯","辰","巳","午","未","申","酉","戌","亥"]
in1 = 2022
etonum = (in1 - 4) % 12
txt = f"{in1}年は、{eto[etonum]}年です。"
print(txt)
```

出力結果

```
2022年は、寅年です。
```

干支調べアプリのレイアウト

次は、アプリの画面を考えます。

今回必要な部品は、「西暦年の入力欄（in1）」と「実行ボタン（btn）」と「結果表示のテキスト（txt）」です。さらに「説明文のテキスト」を追加しましょう。

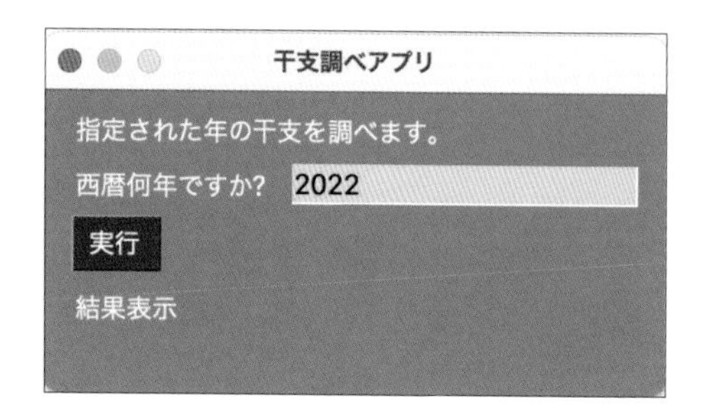

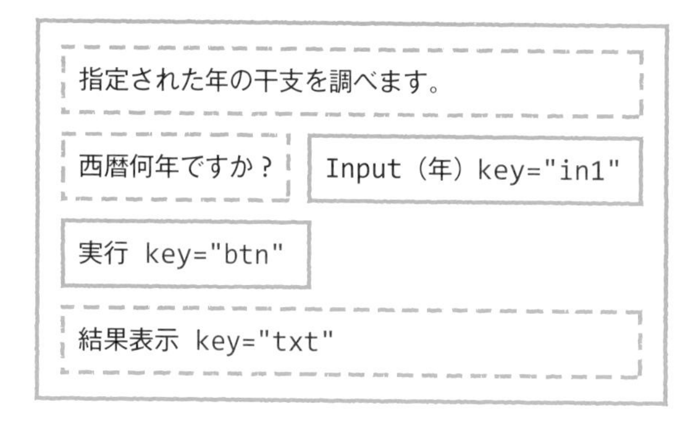

これをlayoutのリストにすると以下のようになります。

```
layout = [[sg.T("指定された年の干支を調べます。")],
          [sg.T("西暦何年ですか?"),sg.I("2022", k="in1")],
          [sg.B(" 実行 ", k="btn")],
          [sg.T(k="txt")]]
```

干支調べアプリを作る

それでは「指定した年の干支がわかる、干支調べアプリ」を作ってみましょう。

ボタンを押したら実行するexecute()関数は「test308.py」の計算方法で作ります。結果はupdate()で表示します。

例：ボタンを押したら、干支を調べる関数

```
def execute():
    eto = ["子","丑","寅","卯","辰","巳","午","未","申","酉","戌","亥"]
    in1 = int(v["in1"])
    etonum = (in1 - 4) % 12
    txt = f"{in1}年は、{eto[etonum]}年です。"
    win["txt"].update(txt)
```


参考用のデフォルト値として、Inputの「in1」には"2022"を入れておきましょう。

eto.py

```
import PySimpleGUI as sg
sg.theme("DarkBrown3")

layout = [[sg.T("指定された年の干支を調べます。")],
          [sg.T("西暦何年ですか?"),sg.I("2022", k="in1")],
          [sg.B(" 実行 ", k="btn")],
          [sg.T(k="txt")]]
win = sg.Window("干支調べアプリ", layout,
                font=(None,14), size=(320,150))

def execute():
    eto = ["子","丑","寅","卯","辰","巳","午","未","申","酉","戌","亥"]
    in1 = int(v["in1"])
    etonum = (in1 - 4) % 12
    txt = f"{in1}年は、{eto[etonum]}年です。"
    win["txt"].update(txt)
```

```
while True:
    e, v = win.read()
    if e == "btn":
      execute()
    if e == None:
        break
win.close()
```

出力結果

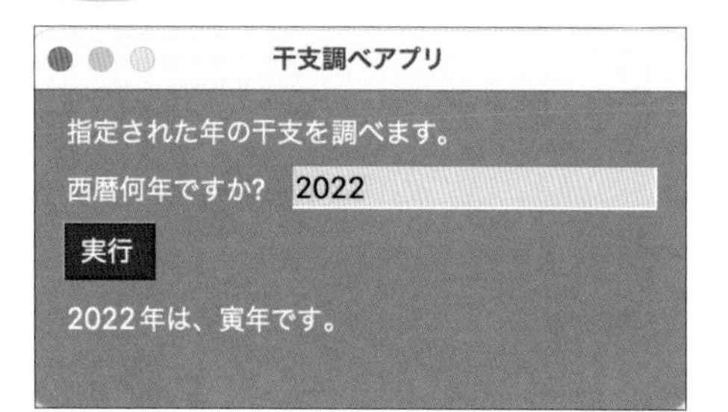

干支調べアプリができた～。これって、文字だけじゃなくて、絵も出たらかわいいと思わない？

いいアイデアだね。十二支の画像を用意して、干支の番号で表示を変えるように改造すればできるね。アプリをゼロから自分で考えて作るのが難しくても、「こうしたらどうだろう」ってすでにあるプログラムを少しアレンジして考えると作りやすいよ。

ちょっとしたアレンジだったら、ワタシにもできそうな気がするね。

第4章

時計アプリを作ろう

今度は何を作るの？
時計のアプリだよ。

便利そう！

うん。
時間の計算方法や
処理の基本が
まなべるんだ。

へー。
またまた
お得な感じ♪
01:02
12:34
キッチンタイマー
みたいなものも
できるよ。

お〜。
お菓子作りに
もってこいね〜。
では、
はりきって
作っていこう！

おっけー！

この章でやること

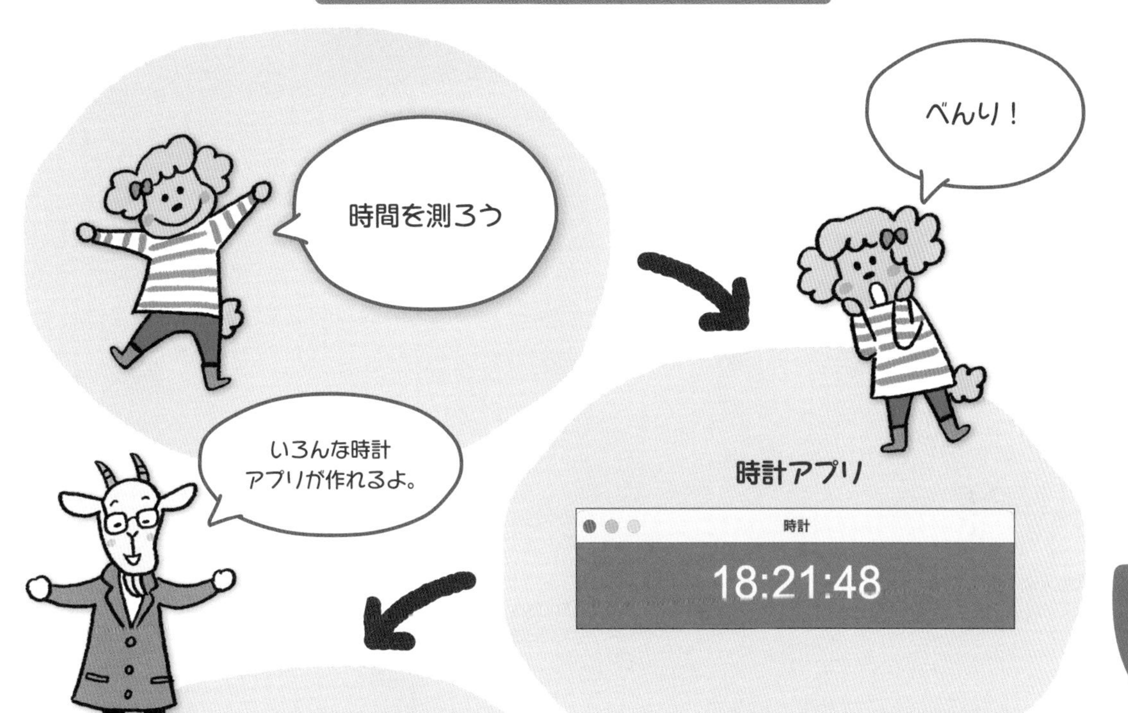

時間を測ろう
べんり！
いろんな時計
アプリが作れるよ。
時計アプリ
時計
18:21:48

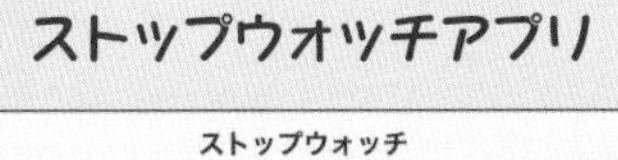

ストップウォッチ

0:00:07.218313

START/STOP

よく使いそう！

時間割アプリ

時間割アプリ

12:29:02

1時限【08:50】---
2時限【10:30】---
昼休み【12:40】あと 0:10:58です。
3時限【13:20】あと 0:50:58です。
4時限【15:10】あと 2:40:58です。
5時限【17:00】あと 4:30:58です。
6時限【18:50】あと 6:20:58です。

明日、
学校だぁ！

Intro
duction

LESSON 13

時間を測ろう

「現在の時刻を調べる方法」や「時間を計算する方法」について学びましょう。

次は、「時計アプリ」を作っていくよ。時間を扱うアプリなので、現在の時刻を調べる方法と、時間を計算する方法について解説していこう。

わーい！　よろしくお願いします！

現在の時刻を調べる

標準ライブラリにはdatetimeという時間を扱うライブラリがあって、これの「now()」命令を使えば、「現在の時刻（年月日時分秒）」を取得できるんだ。

書式：現在の時刻を取得する

```
now = datetime.datetime.now()
```

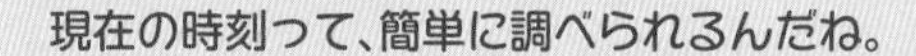

現在の時刻って、簡単に調べられるんだね。

そして、now()で取得した「現在の時刻データ」から、時、分、秒をそれぞれ取り出せば時計ができる。now.hour、now.minute、now.secondなどとバラバラに取り出せるけれど、もっと便利なのがf文字列なんだ。

f文字列！　ここでも活躍するんだ。

例えば、nowという変数に10時20分30秒という時刻が入っていたとする。f文字列で「f"{now:%H時%M分%S秒}"」と書けば、「10時20分30秒」という文字列に変換できるんだ。

「%H」「%M」「%S」がそれぞれ、時、分、秒なのね。

そのとおり。だから、「f"{now:%H:%M:%S}"」と書けば、「10:20:30」という文字列にもできる。さらに、年月日を取り出す表現もあるよ。

f 文字列（時刻の表示）

内容	表現
%Y	年（西暦）
%m	月
%d	日
%A	曜日
%a	曜日（短縮形）
%p	AM/PM
%I	時（12時間表記）
%H	時（24時間表記）
%M	分
%S	秒

いろんな時刻の表現方法があるんだね。

「今現在の日時」をいろいろな表現で表示するプログラムを作ってみましょう。

test401.py

```
import datetime

now = datetime.datetime.now()
print(f"{now:%H時%M分%S秒}")
print(f"{now:%H:%M:%S}")
print(f"{now:%p %I:%M:%S}")
print(f"{now:%Y/%m/%d(%a)}")
```

出力結果

```
16時12分08秒
16:12:08
PM 04:12:08
2022/08/10(Wed)
```

※出力結果は、実行した日時によって変化します。

おもしろーい。いろんな時計アプリができそうだね。

時間の引き算

次は、時間の計算だ。時間の引き算をすれば、「経過した時間」がわかったり、「目標の時刻までの残り時間」がわかったりするよ。

どういうこと？

まず、「経過した時間」は、ストップウォッチで使えるよ。スタートボタンを押してから、ストップボタンを押すまでの時間は、「ストップの時刻 - スタートの時刻」でわかるんだ。

なるほど。引き算なんだ。

これを使って「簡単ストップウォッチ」を作ってみよう。プログラムを実行したらスタートで、Enterキーを押したらストップだよ。

test402.py：簡単ストップウォッチ

```python
import datetime

start = datetime.datetime.now()
input("Enterキーを押してください")
now = datetime.datetime.now()
td = now - start
print(td)
```

出力結果

```
Enterキーを押してください
0:00:05.257198
```

Input文はプログラムを一時停止できるので、簡易ストップボタンとして使っているよ。

なるほどー。

時間の引き算を使えば「目標の時刻までの残り時間」を求めることもできるよ。

残り時間？　例えば、今夜見たいライブ配信があるんだけど、そのライブ配信までの残り時間がわかったりする？

「目標とするライブ配信開始の時刻 - 現在の時刻」と引き算すれば、残り時間がわかるよ。

その目標の時刻って、どうやって用意するの？

「now()」命令を使えば、現在の時刻がわかるよね。その時分秒だけを変更すれば「今日の目標の時刻」を簡単に作れるんだ。変更はreplace()命令でできるよ。

書式：datetime の時分秒を変更する

```
<変更後> = <元の時刻>.replace(hour=<時>, minute=<分>, second=<秒>)
```

それでは、今日の20時30分までの残り時間を計算するプログラムを作ってみましょう。

LESSON 13

test403.py

```
import datetime

now = datetime.datetime.now()
print(f"現在 = {now:%m/%d %H:%M:%S}")
goal = now.replace(hour=20, minute=30, second=0)
print(f"目標 = {goal:%m/%d %H:%M:%S}")
td = goal - now
print(td)
```

出力結果

```
現在 = 08/10 18:27:32
目標 = 08/10 20:30:00
2:02:28
```

※出力結果は、実行した時刻によって変化します。

ほんとだ。あと2時間ぐらいだってわかるね。

リストを使えば、複数の「目標までの残り時間」を調べることもできる。例えば、学校の時間割とか、バスの時刻表などに使えるよ。

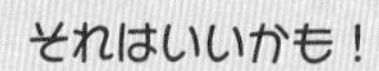

テスト版として、2つの目標時刻までの残り時間を調べるプログラムを作ってみよう。テスト版なので、現在の時刻を強制的に10時になるように調整してみよう。これも「replace(hour=10)」を使うよ。

「仮に今を10時」として、「8:30の1時限」と「12:35の昼休み」までの残り時間を調べるわけね。

test404.py

```
import datetime

sch = [["１時限",8,30],
       ["昼休み",12,35]]
now = datetime.datetime.now()
now = now.replace(hour=10)
print(f"現在 = {now:%H:%M:%S}")
for s in sch:
    dt = now.replace(hour=s[1], minute=s[2], second=0) - now
    print(f"{s} = あと{dt}")
```

出力結果

```
現在 = 10:20:02
['１時限', 8, 30] = あと-1 day, 22:09:58
['昼休み', 12, 35] = あと2:14:58
```

昼休みまでは、「あと 2:14:58」だ～。でも、１時限は「あと-1 day」って出てるよ。

もう過ぎた時刻はマイナスなんだ。でも、これを利用すれば、もし、時刻がマイナスなら、もう過ぎた時刻だとわかるよ。

ずっと動き続けるアプリを作る

時計のアプリを作るには、もうひとつしくみが必要だ。「ずっと表示し続けるしくみ」だよ。

どういうこと？

これまでのアプリでは「window.read()」でボタンが押されるまで一時停止していた。でもこれで時計を作ったら、時刻を見るためにボタンを連打しなくちゃいけなくなるよ。

使いにくいな〜。でも、ちょっとおもしろいけど。

こういうときは「window.read(timeout=500)」と指定すればいいんだ。これは「0.5秒経ったら一時停止をやめて次に進める」という設定で、つまり0.5秒間隔でずっと動くようになるんだ。

書式：window.read を一定時間ごとに進める

```
e, v = <ウィンドウ>.read(timeout=<ミリ秒>)
```

さらに、もうひとつしかけを追加しよう。時計アプリって常に見えていて欲しいので「アプリを常に手前に表示させる」という設定だ。これで他のアプリの下になって見えなくなることがなくなるよ。

書式：window を常に手前に表示させる

```
<ウィンドウ> = sg.Window("<タイトル>", keep_on_top=True)
```

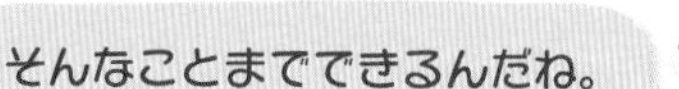

時計のテスト版として、「0.5秒ごとにカウントアップしていくアプリ」を作ってみよう。

test405.py

```
import PySimpleGUI as sg
import datetime

layout = [[sg.T(font=("Arial",40), k="txt",
          size=(20,1), justification="center")]]
win = sg.Window("時計テスト", layout, size=(320,80), keep_on_↵
top=True)
c = 0
while True:
    e, v = win.read(timeout=500)
    c = c + 1
    win["txt"].update(f"{c}")
    if e == None:
        break
win.close()
```

※ ↵ は、入力する1行がまだ続くことを表しています。次の行も続けて入力してください。

出力結果

時計テスト

7

おー。数字がどんどん変わっていく。これなら時計に使えるね。

時計アプリ

「時：分：秒」「AM/PM 時：分：秒」「年 / 月 / 日 (曜日) AM/PM 時：分：秒」などの形式で表示する「時計アプリ」を作りましょう。

それではお待ちかね。「時計アプリ」を作ってみよう。

よーし。作るぞ～。

完成予想図

時計
18:21:48

時計アプリのレイアウト

```
AM 00:00:00 key="txt1"
```

時計アプリではテキストを見やすく表示する必要があります。そのため見やすくて大きいようフォントを「font=("Arial",40)」と設定します。さらに、横幅を「size=(20,1)」と長めにしたうえで「justification="center"」と設定して、時刻が画面中央に表示されるようにします。

```
layout = [[sg.T("AM 00:00:00", font=("Arial",40), k="txt1",
            size=(20,1), justification="center")]]
```

時計アプリを作る

現在時刻を表示するexecute()関数を作りましょう。 現在時刻を取得して、「f"{now:%H:%M:%S}"」で、「時:分:秒」の形式で時刻を表示します。

```
def execute():
    now = datetime.datetime.now()
    win["txt1"].update(f"{now:%H:%M:%S}")
```


あとは、現在時刻を表示するexecute()関数を、0.5秒ごとにずっと呼び出すようにすれば時計アプリの完成です。

clock1.py

```
import PySimpleGUI as sg
import datetime
sg.theme("DarkBrown3")

layout = [[sg.T("AM 00:00:00", font=("Arial",40), k="txt1",
                size=(20,1), justification="center")]]
win = sg.Window("時計", layout, size=(400,80), keep_on_top=True)

def execute():
    now = datetime.datetime.now()
    win["txt1"].update(f"{now:%H:%M:%S}")

while True:
```

```
        e, v = win.read(timeout=500)
        execute()
        if e == None:
            break
    win.close()
```

出力結果

時計

18:21:48

やったー。時計が動きだしたよ。

このf文字列を「f"{now:%p %I:%M:%S}"」に修正してみよう。違った表示になるよ。

【プログラムの修正部分】clock2.py

```
def execute():
    now = datetime.datetime.now()
    win["txt1"].update(f"{now:%p %I:%M:%S}")
```

出力結果

時計

PM 06:21:49

AM、PM表示の時計になった〜。

さらに「日付表示用のテキスト（txt2）」も追加してみよう。ここに「年月日（曜日）」と表示したいので、f文字列は「f"{now:%Y/%m/%d (%a)}"」だよ。

```
0000/00/00 (---) key="txt2"

AM 00:00:00 key="txt1"
```

【プログラムの修正部分】clock3.py

```
layout = [[sg.T("0000/00/00 (---)", font=("Arial",40), k="txt2",
               size=(20,1), justification="center")],
          [sg.T("AM 00:00:00", font=("Arial",40), k="txt1",
               size=(20,1), justification="center")]]
win = sg.Window("時計", layout, size=(480,150), keep_on_top=True)

def execute():
    now = datetime.datetime.now()
    win["txt2"].update(f"{now:%Y/%m/%d (%a)}")
    win["txt1"].update(f"{now:%p %I:%M:%S}")
```


出力結果

```
時計
2022/08/10 (Wed)
PM 06:22:36
```

これはうれしいね。ワタシよく、「今日って何曜日だっけ？」って忘れちゃうから助かるよ。

ストップウォッチアプリ

「ストップウォッチアプリ」を作りましょう。

次は、「ストップウォッチアプリ」を作るよ。

ストップウォッチのアプリだなんて、なんだか難しそう…。

大丈夫。まずは一緒にストップウォッチのしくみを考えてみよう。

ストップウォッチ
0:00:07.218313
START/STOP

いろんな用途に
利用できるね。

ストップウォッチアプリの計画

ストップウォッチは、「ストップの時刻 - スタートの時刻」で計測することができる。でも、この式だけじゃ作れない。ストップウォッチって、どのように動くか思い出してみて。

えっと。最初止まってて、スタートを押して始めるよね。そして、時間が増えていって。ストップを押すと止まる。そうか。ストップを押すまで、ずっと時間が増えて表示されているのか。

今のフタバちゃんの話を整理して考えると、この中に「3つのしかけ」があったよ。

3つも？

そう。①ストップウォッチには、「止まっている状態」と「動いている状態」があるということ。②ボタンを押してスタートしたときから時間を測り始めること。③「動いている状態」は、経過している時間を表示し続けていること、の3つだ。

なるほど。

フタバちゃんが話してくれた、この3つのしかけを作れば、ストップウォッチの動きを作れるよ。

なんと！　ワタシのおかげなのね。

ストップウォッチの３つのしくみ

①「止まっている状態」と「動いている状態」がある
②ボタンを押してスタートしたときから時間を測り始める
③「動いている状態」では、常に経過している時間を表示する

まずは、①の「止まっている状態」と「動いている状態」を切り替えるしくみだ。これは「フラグ」という状態を知らせる合図を使おうと思う。

状態を知らせる合図？

Pythonにそういう機能があるわけではなく、勝手に用意した変数なんだけどね。例えば、startflagという変数を用意したとする。この変数がTrueのときは「動いている状態」、Falseのときは「止まっている状態」と決めておくんだ。

自分で決めるの？

そう。そして、実行中はずっとstartflagを合図として調べ続けるんだよ。「もしTrueなら、動いている合図だ」と、if文で判断すれば、合図によってアプリの状態を切り替えることができるんだ。

例：もし、startflagがTrueなら、動いているときの処理をする

```
def execute():
    if startflag == True:
        <動いているときの処理>
```

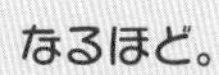

なるほど。

このように状態を知らせる合図のことを「フラグ（旗）」と言う。Trueは旗が上がっている状態、Falseは旗が下がっている状態だ。

旗を上げたら「動け！」、下げたら「止まれ！」って命令しているのね。

そして、この切り替えを行うのがボタンだから、ボタンを押したときにTrueとFalseを切り替える。さらに、startflagがTrueならFalseに、FalseならTrueに変更すれば、1つのボタンで状態を交互に切り替えることができるんだ。

なるほど、なるほどー。

```
if startflag == True:
    startflag = False
else:
    startflag = True
```

次は、②のスタートしたときから時間を測り始めるしくみだ。ボタンを押したときがスタートの時刻だから、このときの時刻を「スタートの時刻」として保存しておく。「startflag = True」と切り替わるときの時刻をstartという変数に保存しておこう。

```
if startflag == True:
    startflag = False
else:
    start = datetime.datetime.now()
    startflag = True
```

次は、③の常に経過している時間を表示するしくみだ。これは、「スタートしたときから現在までの経過時間」を常に表示し続ければいい。つまり、「startflag == True」のときに「現在の時刻 - スタートの時刻」を表示すれば、経過時間をずっと表示し続けることができる。

```
if startflag == True:
    now = datetime.datetime.now()
    td = now - start
    print(td)
```

この3つでストップウォッチの動きが作れるというわけだ。

ふう〜。頭をいっぱい使っちゃった。

ストップウォッチアプリのレイアウト

必要な部品は、「スタート＆ストップのボタン（btn）」です。ボタンは真ん中にあったほうが押しやすいので左右に「pg.Push()」を追加しましょう。pg.Push()が左右にあると、左右に空間ができて中央寄せができます。

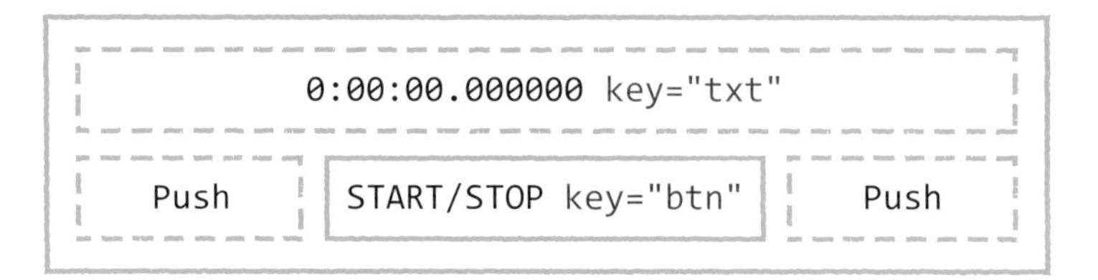

そのため、以下のレイアウトを使います。

```
layout = [[sg.T("0:00:00.000000", font=("Arial",40), k="txt",
          size=(15,1), justification="center")],
          [sg.Push(), sg.B("START/STOP", k="btn"), sg.Push()]]
```

ストップウォッチアプリを作る

それでは、考えたしくみでストップウォッチアプリを作ってみましょう。ストップウォッチは表示が早く変わるので、「0.05秒経ったら表示が変わる」ように「e, v = win.read(timeout=50)」と指定します。

stopwatch.py

```
import PySimpleGUI as sg
import datetime
sg.theme("DarkBrown3")

layout = [[sg.T("0:00:00.000000", font=("Arial",40), k="txt",
          size=(15,1), justification="center")],
          [sg.Push(), sg.B("START/STOP", k="btn"), sg.Push()]]
```

```
win = sg.Window("ストップウォッチ", layout,
                font=(None,14), size=(400,120), keep_on_top=True)

def execute():
    if startflag == True:
        now = datetime.datetime.now()
        td = now - start
        win["txt"].update(td)

def startstop():
    global start, startflag
    if startflag == True:
        startflag = False
    else:
        start = datetime.datetime.now()
        startflag = True

startflag = False
while True:
    e, v = win.read(timeout=50)
    execute()
    if e == "btn":
        startstop()
    if e == None:
        break
win.close()
```

出力結果

ストップウォッチ

0:00:07.218313

START/STOP

完成だね。

ボタンを押して動いて、そしてもう1回押すと止まった！　ややこしかったけど、できたねー。

LESSON 16 時間割アプリ

授業開始まであと何分かがわかる「時間割アプリ」を作りましょう。

最後は、授業開始まであと何分かがわかる「時間割アプリ」だよ。

ワタシは昼休みまであと何分かわかるアプリがいいよ。

完成予想図

```
時間割アプリ

12:29:02

1時限【08:50】---
2時限【10:30】---
昼休み【12:40】あと 0:10:58です。
3時限【13:20】あと 0:50:58です。
4時限【15:10】あと 2:40:58です。
5時限【17:00】あと 4:30:58です。
6時限【18:50】あと 6:20:58です。
```

いろんな授業がぁ！

時間割アプリの計画

「複数の目標までの残り時間を求めるしくみ」は、すでに作った「test404.py」のプログラムを利用しよう。

でもあのとき、「-1 day」って表示されてたよ。

そうだね。だから、残り時間がプラスのときだけ表示させよう。

過ぎたら、表示させなくていいもんね。

「複数の残り時間」を表示させるので、複数行を表示できるMultilineを使おうと思う。「残り時間」を「\n」で改行させながら１つの文字列につないでいって、Multilineに表示させるんだ。以下のようなプログラムになるよ。

```
txt2 = ""
for s in sch:
    dt = now.replace(hour=s[1], minute=s[2], second=0) - now
    if dt.total_seconds() > 0:
        txt2 += f"{s[0]}【{s[1]:02d}:{s[2]:02d}】あと {dt}です。\n"
    else:
        txt2 += f"{s[0]}【{s[1]:02d}:{s[2]:02d}】---\n"
win["txt2"].update(txt2)
```

LESSON 16

時間割アプリのレイアウト

必要な部品は、「現在時刻用のテキスト（txt1）」と「時間割用のMultiline（txt2）」です。見やすいように、それぞれフォントを少しだけ大きくしておきます。

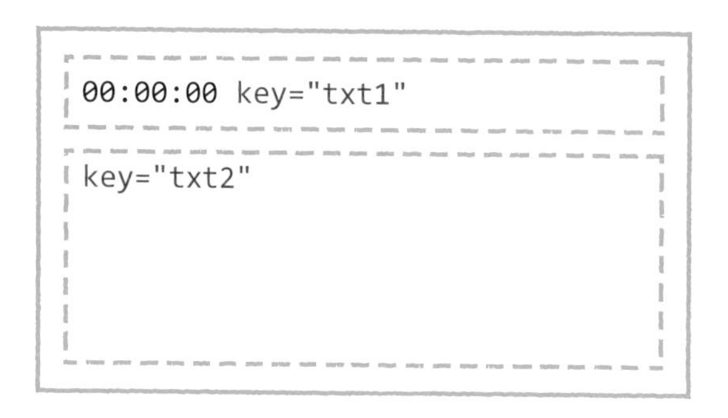

そのため、以下のレイアウトを使います。

```
layout = [[sg.T("00:00:00", font=("Arial",24), k="txt1")],
          [sg.ML(font=("Arial",18), size=(40,12), k="txt2")]]
```

時間割アプリを作る

それでは、考えたしくみで時間割アプリを作ってみましょう。

timetable.py

```
import PySimpleGUI as sg
import datetime
sg.theme("DarkBrown3")

layout = [[sg.T("00:00:00", font=("Arial",24), k="txt1")],
          [sg.ML(font=("Arial",18), size=(40,12), k="txt2")]]
win = sg.Window("時間割アプリ", layout,
                font=(None,14), size=(450,260), keep_on_top=True)
```

```
sch = [["１時限",8,50],
       ["２時限",10,30],
       ["昼休み",12,40],
       ["３時限",13,20],
       ["４時限",15,10],
       ["５時限",17,00],
       ["６時限",18,50]]

def execute():
    now = datetime.datetime.now()
    #now = now.replace(hour=10)
    win["txt1"].update(f"{now:%H:%M:%S}")
    txt2 = ""
    for s in sch:
        dt = now.replace(hour=s[1], minute=s[2], second=0) - now
        if dt.total_seconds() > 0:
            txt2 += f"{s[0]}【{s[1]:02d}:{s[2]:02d}】あと {dt}です。↵
\n"
        else:
            txt2 += f"{s[0]} 【{s[1]:02d}:{s[2]:02d}】 ---\n"
    win["txt2"].update(txt2)

while True:
    e, v = win.read(timeout=500)
    if e == None:
        break
    execute()
win.close()
```

出力結果

```
時間割アプリ
12:29:02
1時限【08:50】---
2時限【10:30】---
昼休み【12:40】あと 0:10:58です。
3時限【13:20】あと 0:50:58です。
4時限【15:10】あと 2:40:58です。
5時限【17:00】あと 4:30:58です。
6時限【18:50】あと 6:20:58です。
```

できた～！　昼休みまで、あと10分だって。おなかペコペコだよ～。

このアプリは、18:50以降に実行すると残り時間がなにも表示されなくなるよ。動いている様子をテストしたいときは、コメント文の「#now = now.replace(hour=10)」の先頭の「#」を取ろう。すると、今を10時としてテストできるよ。

第5章

ファイル操作アプリを作ろう

はかせ！
文字や画像を編集できる
アプリって作れるの？
お！　なにか
ビビッて
ひらめいたの？

うん。文字や画像を
いろいろ編集できる
アプリってあるじゃない？
うんうん。

そんなのも
作れるのかなって。
TEXT

意外とカンタンに
できるよ。

ハカセ、やるぅ。
キラ
キラ

いやいや。
じゃあ見ていこうか？
テレ
テレ
いえす！

この章でやること

ファイルの読み書きや
画像を扱うアプリを
作ってみよう！

テキストエディタアプリ

テキストを
入力・編集できる。

画像表示アプリ

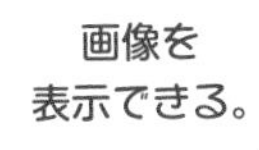

画像加工アプリ

画像の
加工ができる。

QRコードメーカーアプリ

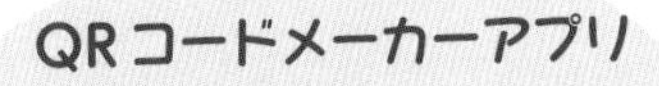

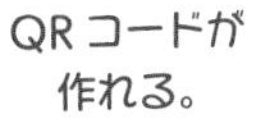

QRコードが
作れる。

Intro
duction

LESSON 17

ファイルの読み書きをしよう

ファイル操作に便利なライブラリをインストールして、テキストファイルの読み書きをする方法について学びましょう。

次は、「ファイルを操作するアプリ」を作っていくよ。テキストファイルや画像ファイルを読み込んで、編集して書き出せるアプリだ。

なんだか、本物のアプリみたいだね。

そのために、外部ライブラリをいくつかインストールしようと思うんだ。

どんなライブラリ？

テキストファイルのエンコーディングを調べる「chardet」、画像処理を行う「Pillow(PIL)」、QRコードを生成する「qrcode」などだ。

なになに？　QRコードのライブラリって、おもしろそう。

ファイル操作に便利な外部ライブラリ

名称	内容
chardet	テキストファイルのエンコーディングを調べる
Pillow(PIL)	画像処理を行う
qrcode	QRコードを生成する

本書では、テキストファイルや画像ファイルを操作するアプリを作るうえで便利な、外部ライブラリを使います。chardet、Pillow(PIL)、qrcodeのライブラリを以下の手順でインストールしましょう。

 ライブラリをインストールする：Windows

WIndowsは、コマンドプロンプトを使ってライブラリをインストールします。以下のpipコマンドを入力してインストールしましょう。

```
py -m pip install chardet
py -m pip install Pillow
py -m pip install qrcode
```

```
コマンド プロンプト
Microsoft Windows [Version 10.0.22000.832]
(c) Microsoft Corporation. All rights reserved.

C:¥Users¥ymori>py -m pip install chardet
```

```
C:¥Users¥ymori>py -m pip install Pillow
```

```
C:¥Users¥ymori>py -m pip install qrcode
```

 ライブラリをインストールする：macOS

macOSは、ターミナルを使ってライブラリをインストールします。以下のpipコマンドを入力してインストールしましょう。

```
python3 -m pip install chardet
python3 -m pip install Pillow
python3 -m pip install qrcode
```

```
ターミナル — -tcsh — 80×24
ymori% python3 -m pip install chardet
```

```
ymori% python3 -m pip install Pillow
```

```
ymori% python3 -m pip install qrcode
```

テキストファイルを読み込む

まず「テキストファイルを読み込むプログラム」を作るんだけど、その前に「エンコーディングを調べるプログラム」を作ってみよう。

さっきから言ってるけど、「エンコーディング」ってな〜に？

日本語のテキストファイルは、大きく分けて２種類の方式がある。1つはWebやプログラミングなどで一般的に使われているUTF-8、もう1つは昔のWindowsの頃から使われているShift_JISだ。エンコーディング方式が違うと文字化けして読めないんだよ。

なんだかめんどくさいね。そもそもワタシ、どの方式を使ってるかなんて知らないよ。どうしたらいいの？

テキストエディタを使うと、エンコーディング方式を調べたり変更したりできるけど、今回は、chardetライブラリを使ってPythonに自動判別させようと思うんだ。

Pythonくんに調べてもらうわけね。

そのとき、いきなりテキストファイルとして読み込んでエンコードが違うと、エラーになってしまう。だから、まずバイナリデータとして読み込んで調べるよ。

書式：テキストファイルをバイナリデータとして読み込む

```
with open(<ファイル名>, "rb") as f:
    <バイナリデータ>  = f.read()
```

書式：エンコーディング方式を調べる

```
import chardet
<エンコーディング方式名> = chardet.detect(<バイナリデータ>)["encoding"]
```

これから行うプログラムを実行するには、UTF-8の「utest.txt」とShift_JISの「stest.txt」の２つのテキストファイルが必要です。テキストエディタで２種類のテキストファイルを作って用意してください。もし用意するのが難しい場合は、P.10のダウンロードサイトからダウンロードしてお使いください。

UTF-8 のテキストファイル：utest.txt

```
これは、UTF-8で保存したテキストファイルです。
```

Shift_JIS のテキストファイル：stest.txt

```
これは、Shift-JISで保存したテキストファイルです。
```

以下のプログラムを実行すると、「utest.txt」と「stest.txt」のテキストのエンコーディング方式を調べることができます。

test501.py

```python
import chardet

def loadtext(filename):
    with open(filename, "rb") as f:
        b = f.read()
        enc = chardet.detect(b)["encoding"]
        print(f"{filename}は、{enc}")
loadtext("utest.txt")
loadtext("stest.txt")
```

出力結果

```
utest.txtは、utf-8
stest.txtは、SHIFT_JIS
```

それぞれ、別々のエンコーディングの名前が表示された。自動判別してくれたんだね。

それぞれのエンコーディング方式で読み込めば、文字化けせずに読み込めるというわけだ。テキストファイルの読み込みは、標準ライブラリのpathlibのPathを使うと簡単に行える。先ほどのプログラムを修正して、読み込んだテキストファイルを表示してみよう。

書式：テキストファイルを読み込む

```
from pathlib import Path
p = Path(<ファイル名>)
<読み出したテキスト> = p.read_text(encoding = <エンコーディング方式名>)
```

test502.py

```python
from pathlib import Path
import chardet

def loadtext(filename):
    with open(filename, "rb") as f:
        b = f.read()
        enc = chardet.detect(b)["encoding"]
        p = Path(filename)
        txt = p.read_text(encoding = enc)
        print(f"{filename} : {txt}")
loadtext("utest.txt")
loadtext("stest.txt")
```

出力結果

```
utest.txt : これは、UTF-8で保存したテキストファイルです。
stest.txt : これは、Shift-JISで保存したテキストファイルです。
```

できたできた。どちらも文字化けせずに表示されたね。

テキストファイルを書き出す

次は、テキストファイルの書き出しをやってみよう。これも標準ライブラリのpathlibのPathを使えばできる。「output.txt」というファイルを書き出してみよう。

書式：テキストファイルを書き出す

```
from pathlib import Path
p = Path(<ファイル名>)
p.write_text(<テキストデータ>, encoding = <エンコーディング方式名>)
```

test503.py

```
from pathlib import Path

def savetext(filename):
    p = Path(filename)
    txt = "書き出しテスト用テキストデータです。"
    p.write_text(txt, encoding="UTF-8")

savetext("output.txt")
```

LESSON 17

出力結果

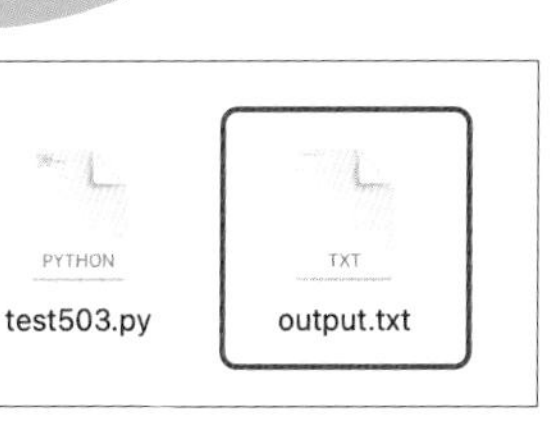

ハカセっ。「test503.py」ファイルがあるフォルダに「output.txt」ファイルが出現したよ！

書き出されたファイルは、実行したプログラムファイルと同じフォルダに保存されるよ。

ファイルダイアログを表示する

これで、テキストデータの読み込みと書き出しができるようになったね。でもアプリを作るには、これじゃまだ足りないんだ。

なにが足りないの？

アプリだから、「どのファイルを開くか」とか「どのようなファイル名で保存するか」などをユーザーに入力させる必要がある。ユーザーが操作するしくみはすべて作る必要があるんだ。

わわわ。大変。

でもこういうよくあるしくみは、PySimpleGUIに用意されているよ。sg.popup_get_fileを使えば、ファイル選択ダイアログを表示できる。ユーザーがファイルを選択して、ダイアログで［Ok］ボタンを押すと、そのファイル名を取得できるんだよ。

書式：ファイル選択ダイアログを表示する

```
<読み込みファイル名> = sg.popup_get_file("<説明文>")
```

test504.py

```python
import PySimpleGUI as sg

loadname = sg.popup_get_file("テキストファイルを選択してください。")
print(loadname)
```

出力結果

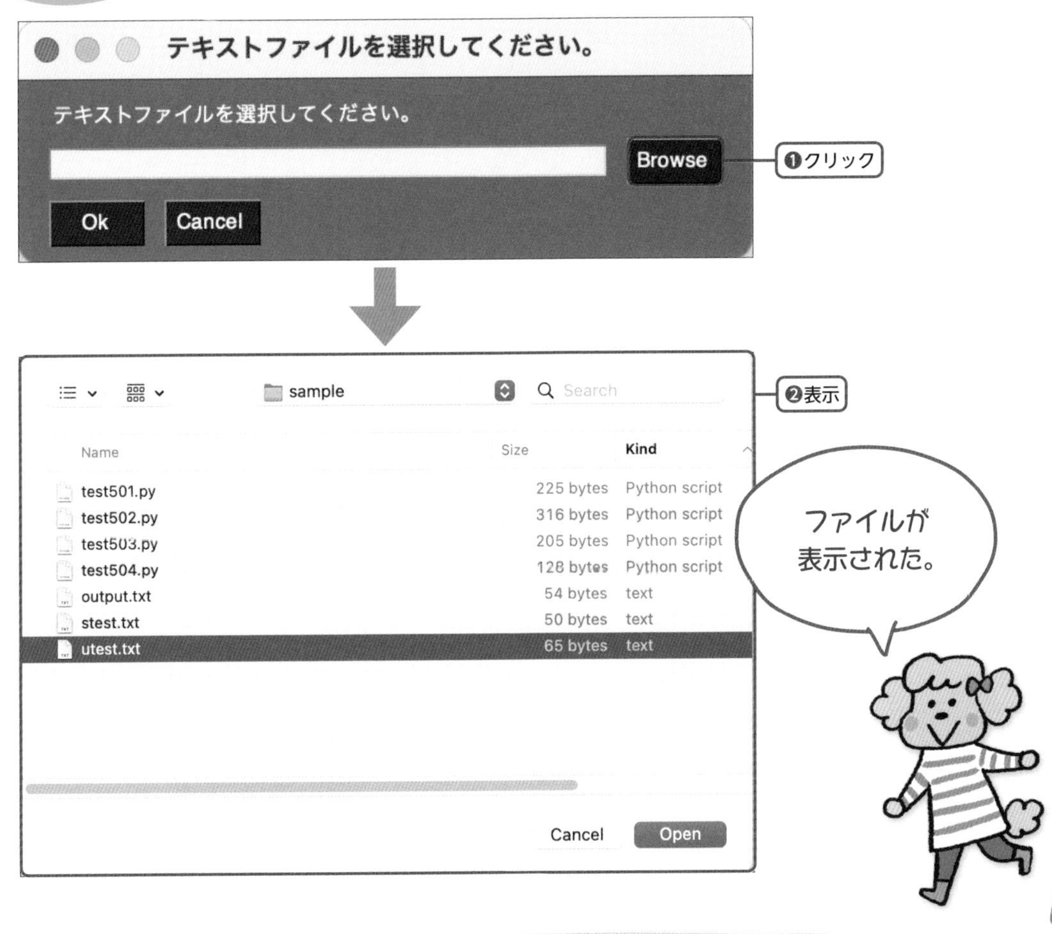

ファイルが
表示された。

えーと、[Browse] ボタンを押して出たファイル選択ダイアログでファイルを選択したら、[Ok] ボタンを押すっと。パス付きのファイル名が表示されたよ。

あとはプログラムでこのファイルを読み込めばいいんだ。さらにこれにはsave_asオプションがあって、Trueにすれば、ファイル保存ダイアログにもなる。デフォルトのファイル名も指定できるよ。

書式：ファイル保存ダイアログを表示する

```
<書き出しファイル名> = sg.popup_get_file("<説明文>",
        default_path = "<デフォルトファイル名>", save_as=True)
```

test505.py

```
import PySimpleGUI as sg

savename = sg.popup_get_file("名前をつけて保存してください。",
            default_path = "test.txt", save_as=True)
print(savename)
```

出力結果

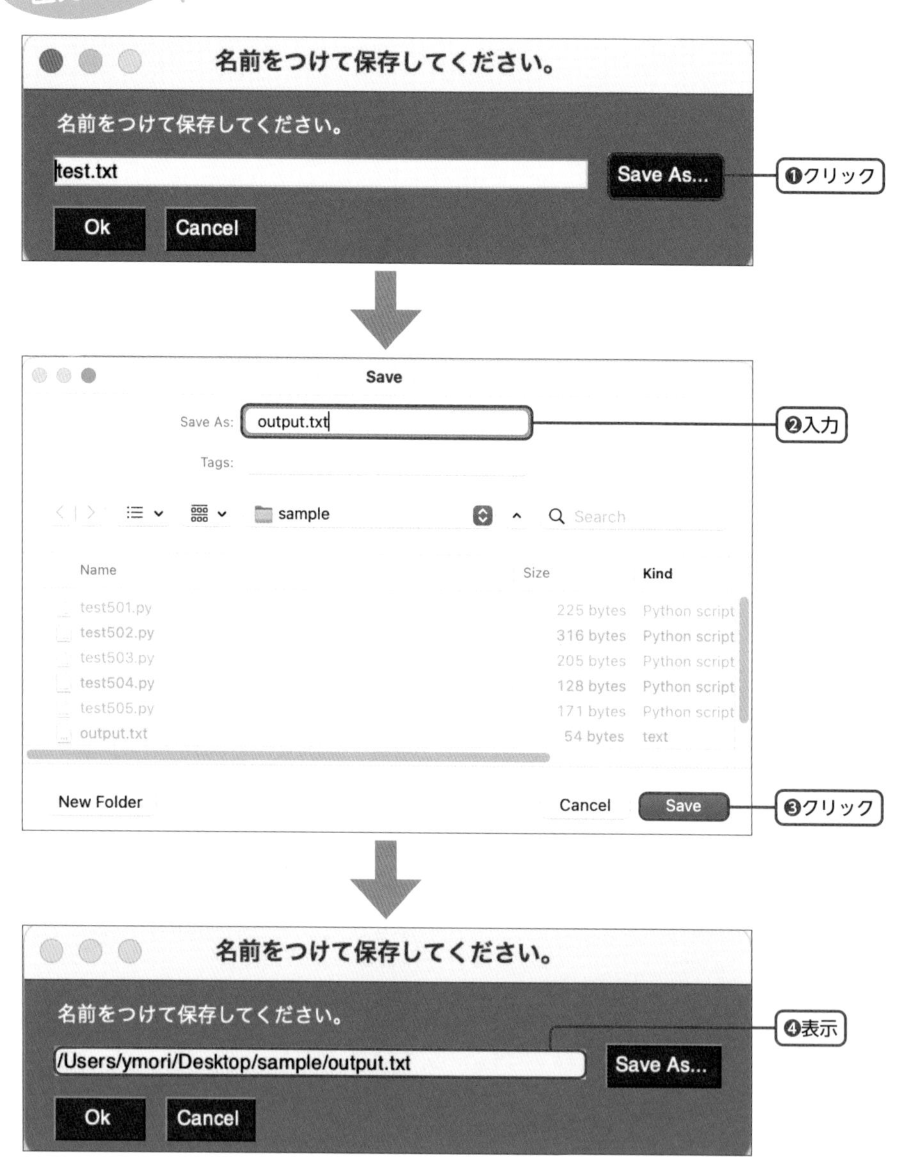

[Save As…] ボタンをクリックすれば、ファイル保存ダイアログが出てくるんだね。[Save] ボタンを押すと…、なにか保存されちゃうのかな？

今は、ファイル保存ダイアログをただ表示しているだけだから、なにも保存されないよ。

じゃあ [Save] っと。ダイアログで入力したファイル名が表示されました～。

これで「テキストファイルの読み書き」と「ファイルダイアログの表示」ができるようになったね。では、ここまで学んできたことを使って、「テキストファイルを読み込んで表示するアプリ」を作ってみよう。

テキスト読み込みアプリのレイアウト

読み込むファイルを選択して、入力した複数行のテキストを表示するので、「ファイル選択ボタン（btn1）」と「ファイル名を表示するテキスト（txt1）」と「読み込んだテキストを表示するMultiline（txt2）」で作ります。

ファイルを開く key="btn1"　key="txt1"

key="txt2"

LESSON 17

これをlayoutのリストにすると以下のようになります。

読み込んだテキストは読みやすいように少し大きく表示しましょう。Multilineのフォントを「font=(None,14)」と設定し、サイズを「size=(80,15)」とします。

```
layout = [[sg.B(" ファイルを開く ", k="btn1"), sg.T(k="txt1")],
          [sg.ML(k="txt2", font=(None,14), size=(80,15))]]
```

テキスト読み込みアプリを作る

アプリでボタン「btn1」を押したら、loadtext()関数を実行するようにします。このとき、ファイル選択ダイアログを表示して、ユーザーにテキストファイルを選択させます。

ただし、ユーザーはファイル選択ダイアログを開いても、ファイルを選択せずにキャンセルする場合があります。すると「ファイルが選択されていないのに開こうとしてエラー」になってしまいます。そこで、「もし、ファイル名がなかったら、なにもしないでreturnする」という以下のような安全対策を追加しておきます。

例：もし、ファイル名がなかったら、なにもしないで return する

```
loadname = sg.popup_get_file("テキストファイルを選択してください。")
if not loadname:
    return
```

そのあとは、「test502.py」で行ったしくみを使えばテキストファイルを読み込めますので、それをMultiline（tx2）に表示させましょう。

loadtext.py

```
import PySimpleGUI as sg
from pathlib import Path
import chardet
sg.theme("DarkBrown3")

layout = [[sg.B(" ファイルを開く ", k="btn1"), sg.T(k="txt1")],
          [sg.ML(k="txt2", font=(None,14), size=(80,15))]]
win = sg.Window("テキストファイルの読み込み", layout)

def loadtext():
    global loadname, enc
    loadname = sg.popup_get_file("テキストファイルを選択してください。")
    if not loadname:
        return
    with open(loadname, "rb") as f:
        b = f.read()
```

- loadname = sg.popup_get_file(...) ……ファイル選択ダイアログを表示する
- if not loadname: return ……ファイルが選択されなかったらreturnする
- with open(loadname, "rb") as f: b = f.read() ……テキストファイルをバイナリデータとして読み込む

```
        enc = chardet.detect(b)["encoding"]····エンコーディング方式を調べる
        p = Path(loadname)                  ┐
        txt = p.read_text(encoding = enc)   ┘····テキストファイルを読み込む
        win["txt1"].update(loadname)
        win["txt2"].update(txt)

while True:
    e, v = win.read()
    if e == "btn1":
        loadtext()
    if e == None:
        break
win.close()
```

出力結果

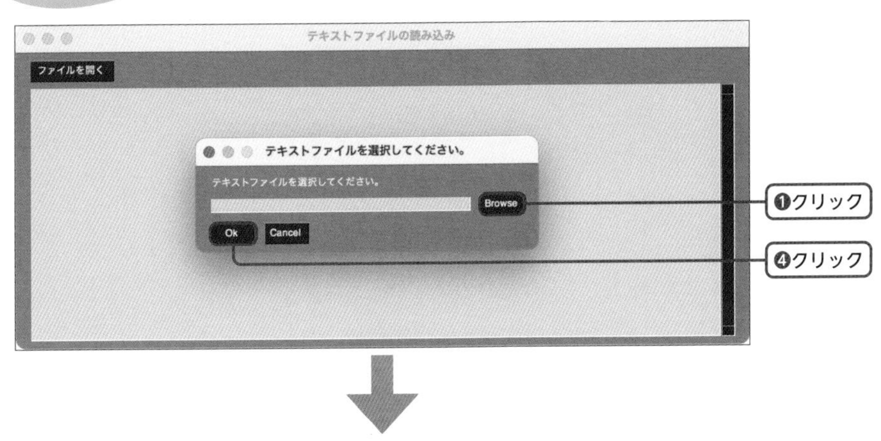

LESSON 17

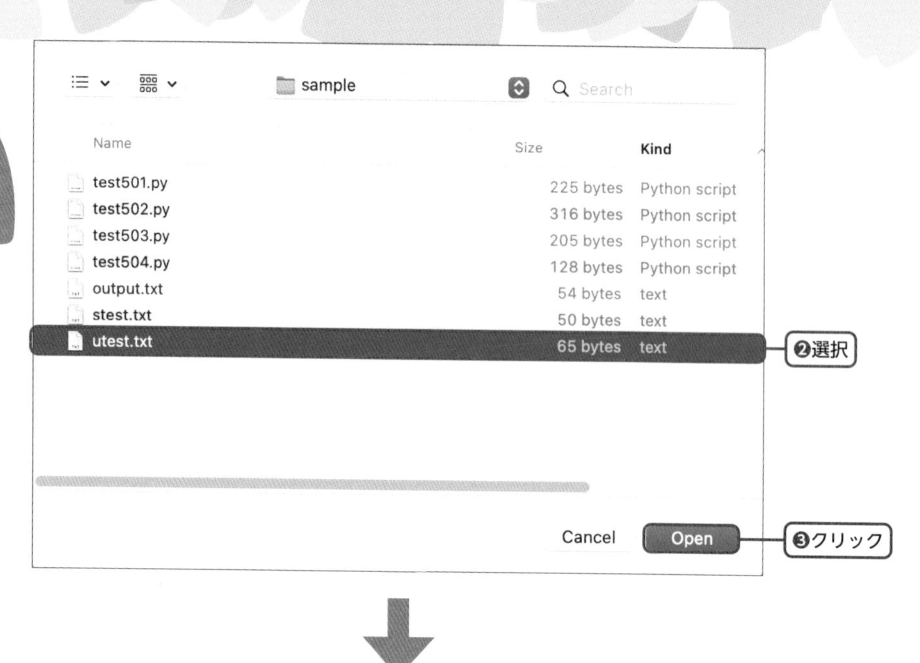

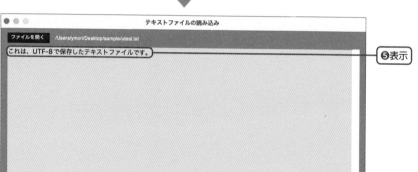

［ファイルを開く］ボタンを押して、テストで使った「utest.txt」を選択して読み込んでみよう。

やったー。アプリの上にテキストが表示されたよ。

テキストエディタアプリ

テキストファイルを読み込んで、編集して、書き出す「テキストエディタアプリ」を作りましょう。

次はいよいよ、「テキストを読み込んで、編集して、書き出す、テキストエディタアプリ」を作ろう。

さっき学んだことの応用編ね。

完成予想図

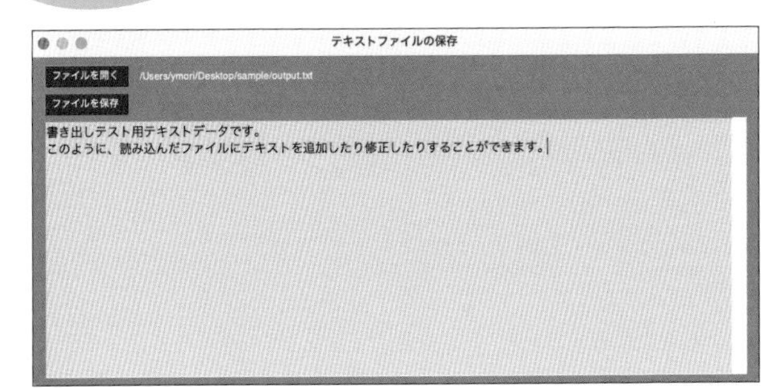

テキストエディタアプリのレイアウト

ハカセ、ところで「編集する」って、どうするの？　これまでやってなかったよ。

読み込んだテキストは、Multilineに表示するよね。このMultilineに表示されたテキストは、そのまま編集できるんだ。

なるほど〜。ここで編集できちゃうのね。

そして、そのMultilineのテキストを保存できるようにすれば、テキストエディタアプリのできあがりというわけだ。

テキストエディタアプリは、「ファイル選択ボタン（btn1）」と「ファイル名を表示するテキスト（txt1）」と「読み込んだテキストを表示するMultiline（txt2）」と「ファイル保存ボタン（btn2）」で作ります。

```
ファイルを開く key="btn1"    key="txt1"
ファイルを保存 key="btn2"
key="txt2"
```

これをlayoutのリストにすると以下のようになります。

```
layout = [[sg.B(" ファイルを開く ", k="btn1"), sg.T(k="txt1")],
          [sg.B(" ファイルを保存 ", k="btn2")],
          [sg.ML(k="txt2", font=(None,14), size=(80,15))]]
```

 テキストエディタアプリを作る

アプリのボタン「btn1」を押して、ファイルを読み込む部分は前に使った「loadtext.py」とまったく同じです。これに、ボタン「btn2」を追加します。ボタンを押したら、savetext()関数を実行してテキストファイルを保存します。

savetext()関数では、ファイル保存ダイアログを表示します。save_asオプションをTrueにしたsg.popup_get_fileで表示しましょう。

さらに、default_pathに読み込んだファイル名のloadnameを設定しておきます。こうす

れば、そのままダイアログにある［Ok］ボタンを押せば、読み込んだファイル名で保存できるので「上書き保存」ができます。ユーザーがあえて新しい名前に変更すれば「別名保存」もできます。

このloadnameは、別の関数で作った変数なのでそのままでは中身が見えません。そこでglobalと設定して、プログラム全体で使えるグローバル変数にしておきます。こうすることで、別の関数の変数の値を利用できるようになります。エンコーディング方式名のenc変数も同じようにglobalにします（実はloadtext()関数側は、すでにglobalにしています）。

例：読み込んだファイル名をデフォルトにして、ファイル保存ダイアログを開く

```
def savetext():
    global loadname, enc
    savename = sg.popup_get_file("名前をつけて保存してください。",
                default_path = loadname, save_as=True)
```

ファイル保存ダイアログでも、ユーザーはダイアログを開いたが、キャンセルする場合があります。そのため、「もし、ファイル名がなかったら、returnする」という安全対策を追加しておきます。

ただし、保存時はなにもしないでreturnしてしまうと、ユーザーは「何の警告も出なかったから保存したと思っていたのに、保存できていなかった」ということが起こるかもしれません。そこで、一定時間ですぐ消える小さいアラートを出したいと思います。

書式：一定時間ですぐ消えるアラート

```
sg.PopupTimed("<説明文>")
```

例：もしファイル名がなかったら、小さいアラートを出す

```
if not savename:
    sg.PopupTimed("ファイル名を入力してください。")
    return
```

さらに、「ファイル保存ダイアログのファイル名で、拡張子を入力したかどうか」のチェックも追加しましょう。拡張子がない状態でファイルを書き出すと、アプリで正しく読み込めなくなる可能性があるためです。

テキストファイルの拡張子は「.txt」なので「.txt」が含まれているかをチェックします。ただし、テキストファイル形式のファイルは、「.txt」以外にもいろいろあります。「.csv」

「.xml」といったデータファイルや、「.html」「.css」といったWeb用のファイル、「.py」「.js」「.c」といったプログラムファイルなども、テキストファイル形式です。

せっかくなので、このアプリではこれらのファイルも編集できるようにもう少しゆるいルールにしようと思います。ファイル名に「.」がついていれば拡張子がついているはずなので、『もし、ファイル名に「.」が見つからなければ、ファイル名の最後に「.txt」を追加』するというルールにしようと思います。

例：もし、ファイル名に「.」が見つからなければ、「.txt」を追加する

```
if savename.find(".") == -1:
    savename = savename + ".txt"
```

あとはMultilineに入っているテキストを、読み込んだときのエンコーディング（enc）で保存すれば完成です。

texteditor.py

```
import PySimpleGUI as sg
from pathlib import Path
import chardet
sg.theme("DarkBrown3")

layout = [[sg.B(" ファイルを開く ", k="btn1"), sg.T(k="txt1")],
          [sg.B(" ファイルを保存 ", k="btn2")],
          [sg.ML(k="txt2", font=(None,14), size=(80,15))]]
win = sg.Window("テキストファイルの保存", layout, resizable=True)

loadname = None
enc = "UTF-8"
def loadtext():
    global loadname, enc
    loadname = sg.popup_get_file("テキストファイルを選択してください。")
    if not loadname:
        return
    with open(loadname, "rb") as f:
        b = f.read()
        enc = chardet.detect(b)["encoding"]
```

```
        p = Path(loadname)
        txt = p.read_text(encoding = enc)
        win["txt1"].update(loadname)
        win["txt2"].update(txt)

def savetext():
    global loadname, enc
    savename = sg.popup_get_file("名前をつけて保存してください。",
                default_path = loadname, save_as=True)
    if not savename:               ‥‥ファイル保存ダイアログを開く
        sg.PopupTimed("ファイル名を入力してください。")   ‥‥ファイル名がなかったら
        return                                              アラートを出す
    if savename.find(".") == -1:
        savename = savename + ".txt"   ‥‥拡張子がなければ「.txt」を追加する
    p = Path(savename)
    p.write_text(v["txt2"], encoding=enc)
    win["txt1"].update(savename)
    loadname = savename

while True:
    e, v = win.read()
    if e == "btn1":
        loadtext()
    if e == "btn2":
        savetext()
    if e == None:
        break
win.close()
```

LESSON 18

出力結果

テキストファイルの保存

ファイルを開く　/Users/ymori/Desktop/sample/output.txt

ファイルを保存

書き出しテスト用テキストデータです。
このように、読み込んだファイルにテキストを追加したり修正したりすることができます。

テキストファイルの保存

ファイルを開く　/Users/ymori/Desktop/sample/test501.py

ファイルを保存

```
import chardet

def loadtext(filename):
    with open(filename, "rb") as f:
        b = f.read()
        enc = chardet.detect(b)["encoding"]
        print(f"{filename}は、{enc}")
loadtext("utest.txt")
loadtext("stest.txt")
```

テキストエディタアプリができたね。

［ファイルを開く］ボタンを押して、test503.pyで書き出した「output.txt」を読み込んで編集してから、保存してみよう。

やった～！　テキストエディタのできあがり～。これって、Pythonのプログラムファイルも読み込めるんだよね。

そうだよ。例えば「test501.py」を読み込んで、編集できるよ。

Pythonで作ったアプリで、Pythonのプログラムを編集できるんだね。ふしぎ～。

画像を表示するアプリ

画像ファイルを読み込んで表示する「画像を表示するアプリ」を作りましょう。

次は、「画像を表示するアプリ」を作ろう。

画像は楽しいね。

これも基本は「ファイルを選択して、読み込む」なので、テキストエディタアプリのときとほとんど同じだよ。ただし、画像ファイルを扱うところは少し違う。まずは、レイアウトから考えよう。

完成予想図

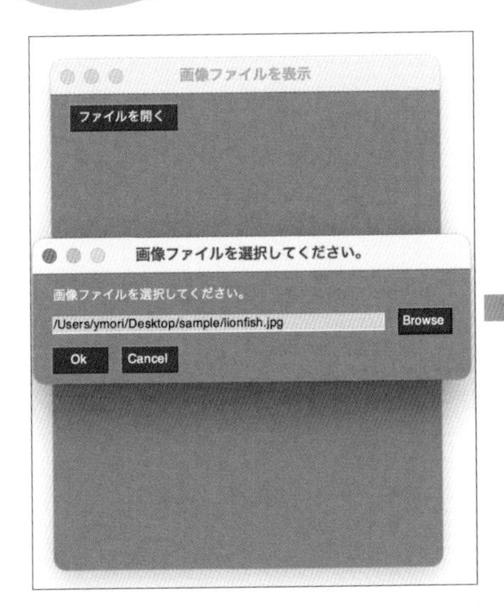

画像を表示するアプリのレイアウト

画像を表示するアプリは、「ファイル選択ボタン（btn1）」と「ファイル名を表示するテキスト（txt）」と「画像を表示するイメージ（img）」で作ります。

ファイルを開く key="btn1"	key="txt"
key="img"	

これをlayoutのリストにすると以下のようになります。

```
layout = [[sg.B(" ファイルを開く ", k="btn1"), sg.T(k="txt")],
          [sg.Im(k="img")]]
```

画像を表示するアプリを作る

まず、アプリ上に画像を表示させるしくみを考えよう。ただし、画像の大きさはいろいろある。アプリより大きい画像の場合も考えられる。

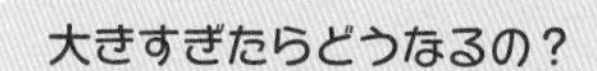

大きすぎたらどうなるの？

アプリからはみ出すことになるね。だから、画像をアプリ内に収まるように縮小する必要がある。このとき便利なのが「thumbnail()」命令だ。縦横比率を維持したまま縮小してくれるよ。

それは便利〜。

書式：縦横比率を維持して、指定したサイズ以下に縮小する

```
<画像データ>.thumbnail((<幅>,<高さ>))
```

画像ファイルを読み込んで、300 × 300（ピクセル）以下の画像に縮小しよう。

例：loadnameという画像ファイルを読み込んで、300 × 300（ピクセル）以下に縮小する

```
img = Image.open(loadname)
img.thumbnail((300,300))
```

ただし次が、少しだけややこしい。アプリに表示させる画像データは「バイナリデータ」なので、テキストデータのように簡単に扱うことができない。

どうするの？

「io.BytesIO()」命令を使うんだ。バイナリデータ専用の入れ物を作り、その入れ物に画像データを書き込んで（saveして）その値を表示させるんだ。プログラムでいうと、次のようになるよ。

例：img画像を、「io.BytesIO()」を利用して、アプリ上に表示させる

```
import io

bio = io.BytesIO()
img.save(bio, format="PNG")
win["img"].update(data=bio.getvalue())
```

LESSON 19

なんだか、ややこしいね。

テキストデータと違って、画像のバイナリデータを表示したり加工したりするには、パソコンのメモリを意識した命令で扱う必要があるからなんだ。とはいえ、Pythonではたったこれだけでできるから、まだ簡単なんだよ。

まあ、よしとしてあげましょう。

では、「画像を表示するアプリ」を作ってみよう。

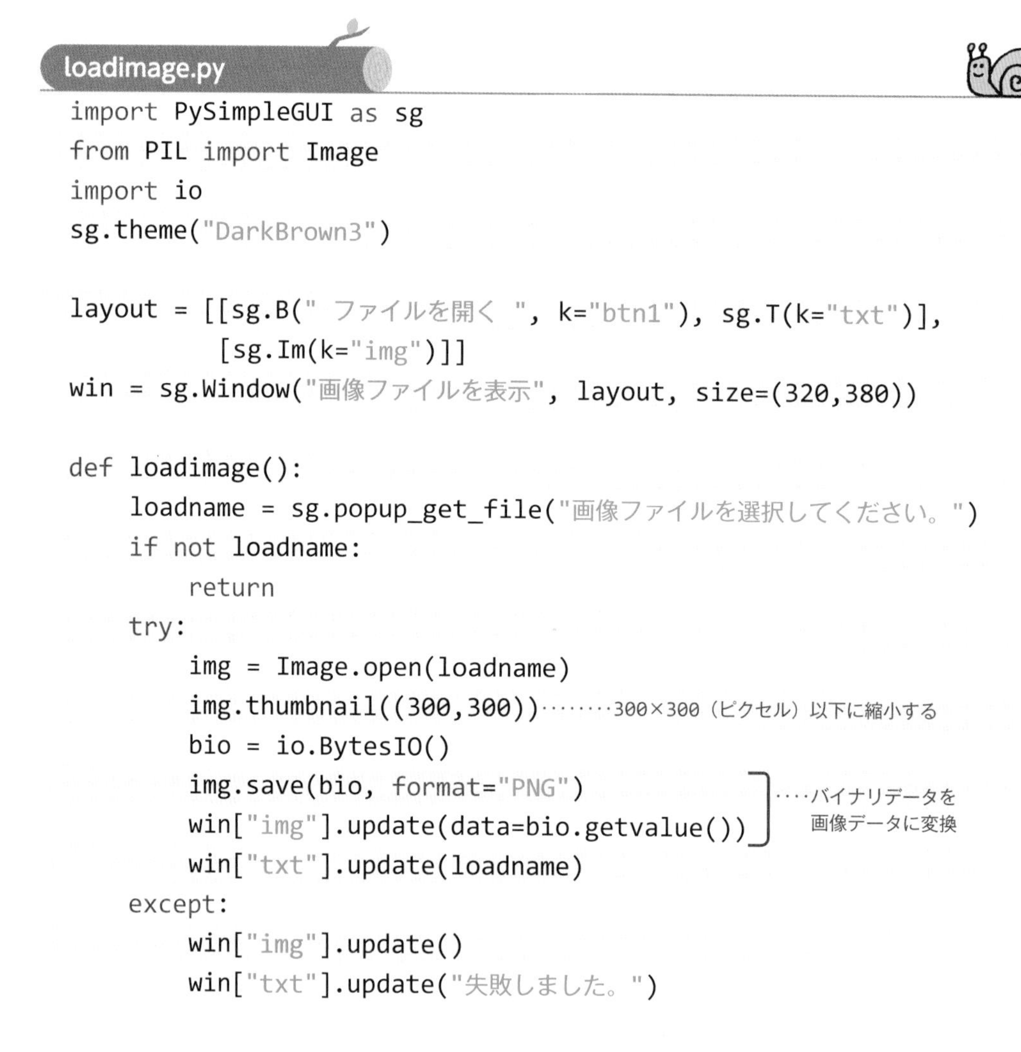

loadimage.py

```
import PySimpleGUI as sg
from PIL import Image
import io
sg.theme("DarkBrown3")

layout = [[sg.B(" ファイルを開く ", k="btn1"), sg.T(k="txt")],
          [sg.Im(k="img")]]
win = sg.Window("画像ファイルを表示", layout, size=(320,380))

def loadimage():
    loadname = sg.popup_get_file("画像ファイルを選択してください。")
    if not loadname:
        return
    try:
        img = Image.open(loadname)
        img.thumbnail((300,300))········300×300（ピクセル）以下に縮小する
        bio = io.BytesIO()
        img.save(bio, format="PNG")                 ····バイナリデータを
        win["img"].update(data=bio.getvalue())          画像データに変換
        win["txt"].update(loadname)
    except:
        win["img"].update()
        win["txt"].update("失敗しました。")
```

```
while True:
    e, v = win.read()
    if e == "btn1":
      loadimage()
    if e == None:
        break
win.close()
```

出力結果

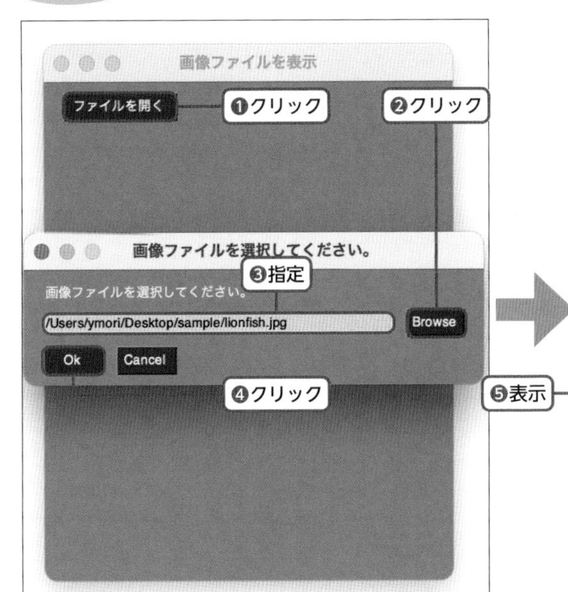

❺表示

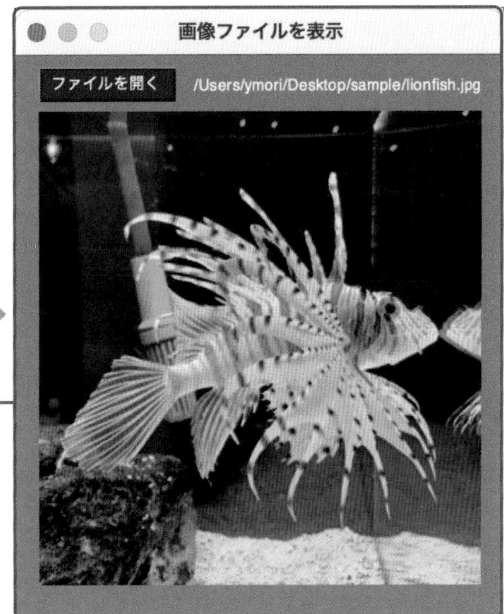

※開いたファイルのファイルパスが長い場合は、アプリからはみ出して表示しきれない場合があります。

[ファイルを開く] ボタンを押して、画像ファイルを選択して読み込んでみよう。PNG画像や、JPG画像が読み込めるよ。

手元に画像ファイルがないよ～。

そんなときは、P.10のダウンロードサイトからサンプルファイルをダウンロードして使おう。「lionfish.jpg」があるよ。

じゃあ、読み込んでみるね。あっ。これ、ミノカサゴだよ！

LESSON 19

LESSON 20

画像の加工アプリ

「画像を加工するアプリ」を作りましょう。画像ファイルを読み込んで、モノクロ画像や、モザイク画像に加工します。

次は、「画像の加工アプリ」を作ってみよう。モノクロ画像にするアプリや、モザイク画像にするアプリを作るよ。

おやおや？　それ『Python1年生』で作った気がするよ。

よく覚えてたね。あのときは、表示するだけの簡易版だったけど、今回はファイルを書き出せるよ。まずは、レイアウトから考えよう。

完成予想図

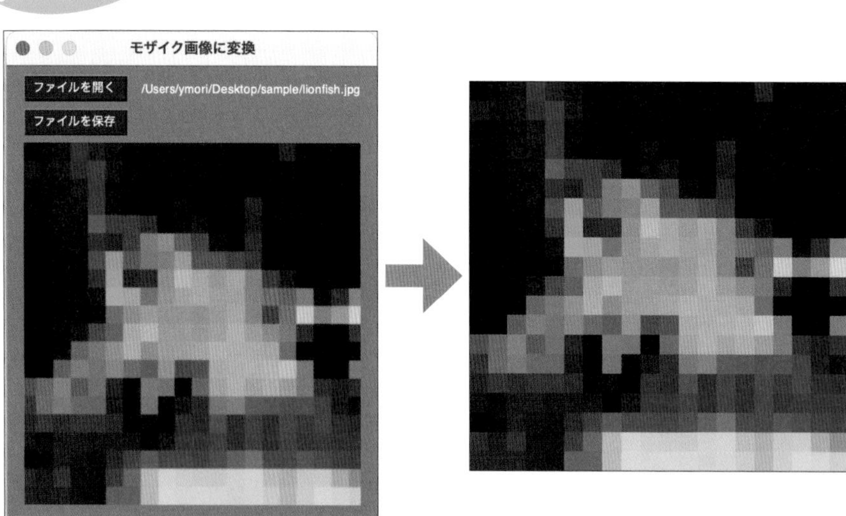

画像の加工アプリのレイアウト

画像を加工するアプリは、「ファイル選択ボタン（btn1）」と「ファイル名を表示するテキスト（txt）」と「画像を表示するイメージ（img）」と「ファイル保存ボタン（btn2）」で作ります。

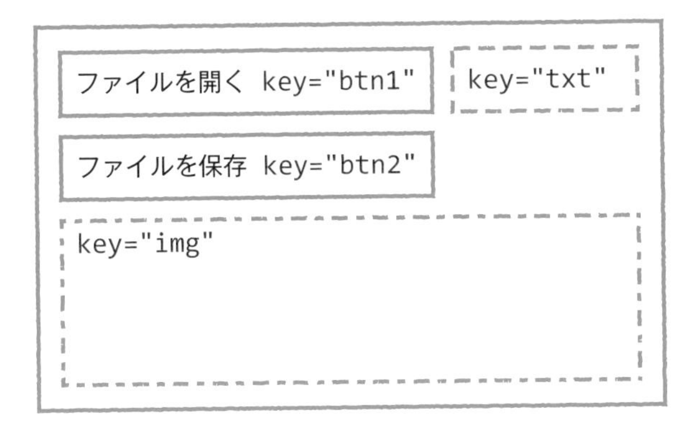

これをlayoutのリストにすると以下のようになります。

```
layout = [[sg.B(" ファイルを開く ", k="btn1"),sg.T(k="txt")],
          [sg.B(" ファイルを保存 ", k="btn2")],
          [sg.Im(k="img")]]
```

モノクロ画像に加工するアプリを作る

それでは、「モノクロ画像に加工するアプリ」を作ってみましょう。

画像を読み込むloadimage()関数は、「loadimage.py」とほとんど同じですが、少し変更してモノクロ画像に加工するようにします。

読み込んだ画像に、「.convert("L")」命令を使って、モノクロ化します。読み込んだ直後にモノクロ化しましょう。この画像は、保存するsaveimage()関数で使えるようにしたので、先頭にglobal imgと書いてグローバル変数にしておきます。

例：loadname という画像ファイルを読み込んで、モノクロ化する

```
img = Image.open(loadname).convert("L")
```

このモノクロ化した画像は、最終的にファイルに書き出される画像です。しかし、このままアプリに表示すると大きくてはみ出す可能性があります。そこで、この画像をコピーして、表示用画像を作り、それを「thumbnail()」命令で縮小化して表示させたいと思います。

書式：画像をコピーする

```
<新画像> = <コピー元画像>.copy()
```

こうして加工された画像は、saveimage()関数で保存します。
最初に、保存する画像があるか調べ、もしなければ、returnで戻ります。

例：もし、img の中身がなければ、return する

```
if img == None:
    return
```

次に、ファイル保存ダイアログでユーザーにファイル名を入力させます。このとき、ファイル名がなければ小さいアラートを出し、ファイル名の最後が「.png」でなければ「.png」を追加します。

書式：文字列の最後が、<調べる文字列>かどうかを調べる

```
<文字列>.endswith("<調べる文字列>")
```

例：もし、ファイル名の最後が「.png」でなければ「.png」を追加する

```
if savename.endswith(".png") == False:
    savename = savename + ".png"
```

これで「画像データ（img）」と「ファイル名（savename）」が用意できたので、「save()」命令で保存します。

書式：画像データを、指定したファイル名で保存する

```
<画像データ>.save(<ファイル名>)
```

これらを使って、「モノクロ画像に加工するアプリ」を作ってみましょう。

monoimage.py

```
import PySimpleGUI as sg
from PIL import Image
import io
sg.theme("DarkBrown3")

layout = [[sg.B(" ファイルを開く ", k="btn1"),sg.T(k="txt")],
          [sg.B(" ファイルを保存 ", k="btn2")],
          [sg.Im(k="img")]]
win = sg.Window("モノクロ画像に変換", layout, size=(320,400))

def loadimage():
    global img
    loadname = sg.popup_get_file("画像ファイルを選択してください。")
    if not loadname:
        return
    try:
        img = Image.open(loadname).convert("L") ……画像をモノクロ化する
        img2 = img.copy()………………………………………画像をコピーする
        img2.thumbnail((300,300))
        bio = io.BytesIO()
        img2.save(bio, format="PNG")
        win["img"].update(data=bio.getvalue())
        win["txt"].update(loadname)
    except:
        win["img"].update()
        win["txt"].update("失敗しました。")
```

LESSON 20

```
img = None
def saveimage():
    if img == None:        ····画像が指定されていない場合は
      return                   returnする
    savename = sg.popup_get_file("png画像名をつけて保存してください。", ↵
save_as=True)
    if not savename:
        sg.PopupTimed("png画像名を入力してください。")
        return
    if savename.endswith(".png") == False:   ····ファイル名の最後が「.png」で
        savename = savename + ".png"             なければ追加する
    try:
        img.save(savename) ·····指定したファイル名で画像を保存する
        win["txt"].update(savename+"を保存しました。")
    except:
        win["txt"].update("失敗しました。")

while True:
    e, v = win.read()
    if e == "btn1":
      loadimage()
    if e == "btn2":
      saveimage()
    if e == None:
        break
win.close()
```

出力結果

[ファイルを開く]ボタンを押して、画像ファイルを読み込んでみよう。

ミノカサゴが、モノカサゴになった〜。

[ファイルを保存]ボタンを押せば、モノクロ化された画像が書き出されるというわけだ。

モザイク画像に加工するアプリを作る

「モノクロ化」する処理を「モザイク化」する処理に変更すれば、「モザイク画像に加工するアプリ」も作れるよ。

少し変更するだけでできるんだね。

さっき作った「monoimage.py」とレイアウトや書き出し処理はまったく同じなので、少しの修正だけでできるよ。まずは、アプリのタイトルの修正からだ。

【プログラムの修正部分 1】mosaicimage.py

```
win = sg.Window("モザイク画像に変換", layout, size=(320,400))
```

「モノクロ処理」を「モザイク処理」に変更しよう。モザイク画像にするにはまず、縦横比率を維持したまま、画像を縮小して（例えば、横が20ドットになるまで）、その後元のサイズまで拡大する。

一度小さくしてから、大きくするのね。

オプションで「resample=0」と指定すれば、サイズ変更時にぼかしがかからないので、きれいにモザイク化できるんだ。では、「モザイク画像に加工するアプリ」を作ってみよう。

【プログラムの修正部分 2】mosaicimage.py

```
try:
    img = Image.open(loadname)
    w = img.width
    h = img.height
    mw = 20
    mh = int(mw * (h / w))
    img = img.resize((mw, mh)).resize((w, h),resample=0)
    img2 = img.copy()
    img2.thumbnail((300,300))
    bio = io.BytesIO()
    img2.save(bio, format="PNG")
    win["img"].update(data=bio.getvalue())
    win["txt"].update(loadname)
```

出力結果

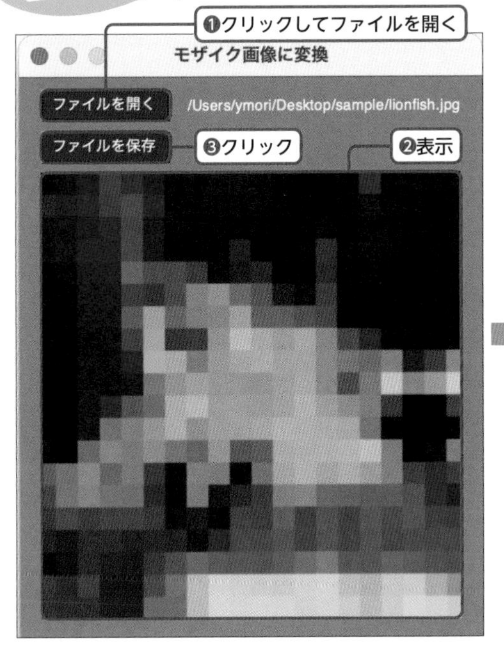

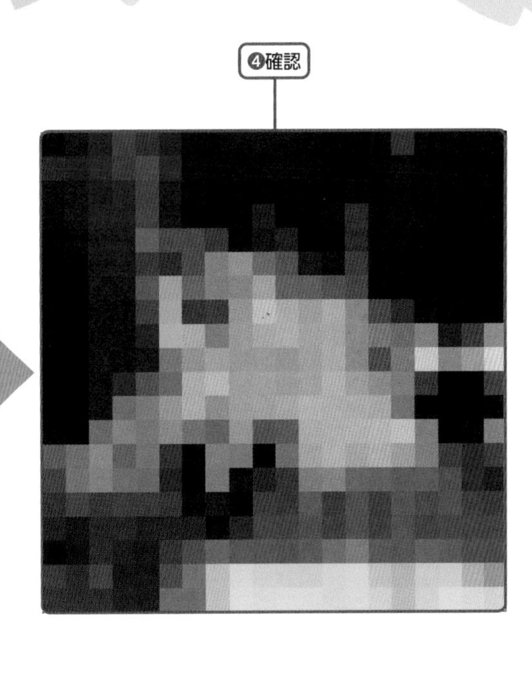

[ファイルを保存] ボタンを押そう。モザイク化された画像が書き出されるよ。

ありゃ。何の魚か、わからなくなっちゃったね。

LESSON 21

QRコードメーカーアプリ

URLを入力するとQRコード画像を生成する「QRコードメーカーアプリ」を作りましょう。

次は、画像を生成するアプリを作ってみよう。「URLのQRコード画像を作るアプリ」だ。

これは便利そう。でも、作るのって難しいんじゃない？

だから、qrcodeライブラリを使うんだ。このライブラリはURLの文字列から画像を生成してくれるんだよ。画像さえできれば、それをファイルに書き出すのは、これまでのしくみを利用して作れるよ。

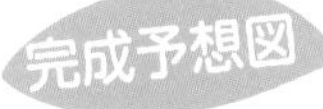

QRコードメーカーアプリのレイアウト

QRコードメーカーアプリは、「URLの入力欄（in1）」と「QRコード作成ボタン（btn1）」と「画像を表示するイメージ（img）」と「ファイルを保存ボタン（btn2）」と「説明用のテキスト（txt）」で作れます。

```
URL:  key="in1"
QR コード作成 key="btn1"
ファイルを保存 key="btn2"  key="txt"
key="img"
```

これをlayoutのリストにすると以下のようになります。

```
layout = [[sg.T("URL:"), sg.I(k="in1")],
          [sg.B(" QRコード作成 ", k="btn1")],
          [sg.B(" ファイルを保存 ", k="btn2"), sg.T(k="txt")],
          [sg.Im(k="img")]]
```

QRコードメーカーアプリを作る

文字列からQRコード画像を生成するのは、「qrcode.make()」命令を使います。

```
<画像データ> = qrcode.make(<文字列>)
```

［QRコード作成］のボタンを押したらexecute()関数を実行させるようにします。入力欄に入力されたURLからQRコード画像を生成して、アプリに表示させます。

その際、URLが入力されていないと画像を生成できないので、URLの入力欄が空欄の場合は小さいアラートを出してreturnさせます。

URLが入力されている場合は、qrcode.make()命令で画像を生成します。この生成された画像（img）は、画像を保存するsaveimage()関数の中でも使うので、グローバル変数にしておきます。

生成された画像をアプリ上に表示させるのは、loadimage.pyと同じ方法で行えます。また、saveimage()関数の中身も、monoimage.pyと同じ方法で行えます。

例：ボタンを押したら、QRコード画像を生成して表示する関数

```
def execute():
    global img
    if not v["in1"]:
        sg.PopupTimed("URLを入力してください。")
        return
    img = qrcode.make(v["in1"])
    img.thumbnail((300,300))
    bio = io.BytesIO()
    img.save(bio, format="PNG")
    win["img"].update(data=bio.getvalue())
```

それでは、「URLを入力すると、そのQRコード画像を作るアプリ」を作ってみましょう。

qrmaker.py

```
import PySimpleGUI as sg
import io
import qrcode
sg.theme("DarkBrown3")

layout = [[sg.T("URL:"), sg.I(k="in1")],
          [sg.B(" QRコード作成 ", k="btn1")],
          [sg.B(" ファイルを保存 ", k="btn2"), sg.T(k="txt")],
          [sg.Im(k="img")]]
win = sg.Window("QRコードメーカー", layout, size=(320,420))
```

```
img = None
def execute():
    global img
    if not v["in1"]:
        sg.PopupTimed("URLを入力してください。")
        return
    img = qrcode.make(v["in1"]) ·········QRコード画像を生成する
    img.thumbnail((300,300))
    bio = io.BytesIO()
    img.save(bio, format="PNG")
    win["img"].update(data=bio.getvalue())

def saveimage():
    if img == None:
      return
    savename = sg.popup_get_file("png画像名をつけて保存してください。", ↵
save_as=True)
    if not savename:
        sg.PopupTimed("png画像名を入力してください。")
        return
    if savename.endswith(".png") == False:
        savename = savename + ".png"
    try:
        img.save(savename)
        win["txt"].update(savename+"を保存しました。")
    except:
        win["txt"].update("失敗しました。")

while True:
    e, v = win.read()
    if e == "btn1":
        execute()
    if e == "btn2":
        saveimage()
    if e == None:
        break
win.close()
```

実行結果

できた！

入力欄にURLを入力して、[QRコード作成]を押してみよう。例として『Python1年生』のページのURLで試してみるよ。

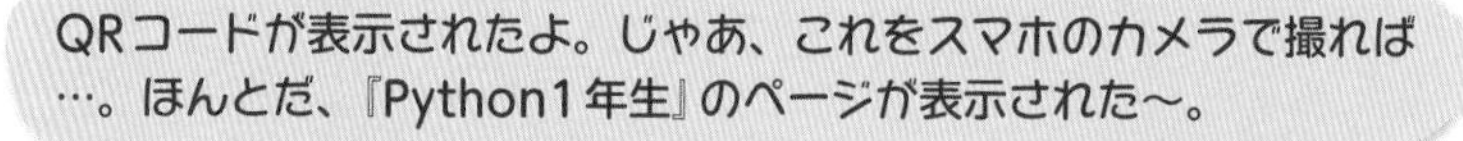

QRコードが表示されたよ。じゃあ、これをスマホのカメラで撮れば…。ほんとだ、『Python1年生』のページが表示された～。

[ファイルを保存]ボタンを押せば、このQRコードの画像をファイルとして書き出せるよ。

第6章
ゲームアプリを作ろう

最後に
ゲームアプリを
作ってみるよ！
ついにこの「いただき」に。
フォー！
フォオオ

まぁまぁ。
おちついて。
おちついて。

ふん！

いままで学んだことを
使うと手軽にできるよ。
デスクトップ
アプリのしくみ
ファイル
操作アプリ
アプリ作り
の基本
計算
アプリ
そうなの。
さすがぁ！

ゲームアプリも
基本を組み合わせたもので
できるんだ。
うんうん。

はりきって
作っていこう！
うぉー！

この章でやること

いろんな
ゲームアプリを
作ってみよう！

おみくじアプリ

おみくじアプリ

さあ、おみくじをひきましょう！

結果は、中吉 でした〜。

おみくじをひく

じゃんけんアプリ

じゃんけんアプリ

ワタシと、じゃんけんをしよう！

あいこで〜す。

グー　チョキ　パー

足し算ゲーム

足し算ゲーム

足し算ゲームです。問題の答えを入力してね。

問題：91 + 18 =?　109　入力

数当てゲーム

数当てゲーム

ワタシが考えた数を当ててね。1〜100までの数だよ。

1回目：もっと大きいよ

60　入力

31ゲーム

31ゲーム

31ゲームをしよう！ 31を言うと負けだよ。

ワタシは、[7] にするよ。

[8, 9, 10] から入力してください。

6　入力

たのしみー！

Intro duction

LESSON 22

おみくじアプリ

ランダムにおみくじをひく「おみくじアプリ」を作りましょう。

それではいよいよ、「ゲームアプリ」を作っていこう。

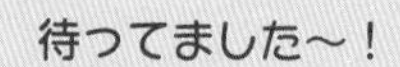

待ってました～！

アプリとしては、「入力欄、ボタン、テキスト、画像」だけでできる簡単なものだけど、「ゲームの中のしくみ」は、ちょっと難しいかもしれないよ。

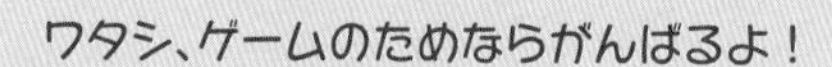

ワタシ、ゲームのためならがんばるよ！

おもしろいものほど作るときは大変、だからね。がんばろう。

おみくじアプリの計画

でも最初は、簡単な「おみくじアプリ」から作っていくよ。

これも『Python 1 年生』でやったよね。

あらかじめ、リストに「おみくじの結果」を入れておいて、random.choice()でランダムに1つ選び出せばおみくじができる。「おみくじプログラム」を作ってみよう。

test601.py

```
import random
kuji = ["大吉", "中吉", "小吉", "凶"]
kekka = random.choice(kuji)
txt = f"結果は、{kekka} でした～。"
print(txt)
```

出力結果

```
結果は、大吉 でした～。
```

完成予想図

LESSON 22

おみくじアプリのレイアウト

おみくじアプリは、「おみくじをひくボタン（btn）」と「結果表示のテキスト（txt）」があれば動きます。でもゲームなので、もっと楽しくするために「説明のテキスト」や「おみくじをひいてくれるフタバちゃん」も表示しましょう。フタバちゃんの画像は、P.10のダウンロードサイトからサンプルファイルをダウンロードして使ってください。

これをlayoutのリストにすると以下のようになります。

```
layout = [[sg.T("さあ、おみくじをひきましょう！")],
          [sg.Im("futaba0.png")],
          [sg.T(k="txt")],
          [sg.B(" おみくじをひく ", k="btn")]]
```

おみくじアプリを作る

おみくじを表示する部分は、omikuji()関数で作ります。おみくじをひくボタン「btn」が押されたら呼び出すようにしましょう。以下のようなプログラムになります。

omikuji.py

```
import PySimpleGUI as sg
import random
sg.theme("DarkBrown3")

layout = [[sg.T("さあ、おみくじをひきましょう！")],
          [sg.Im("futaba0.png")],
          [sg.T(k="txt")],
          [sg.B(" おみくじをひく ", k="btn")]]
win = sg.Window("おみくじアプリ", layout, font=(None,14))
```

```
def omikuji():
    kuji = ["大吉", "中吉", "小吉", "凶"]
    kekka = random.choice(kuji)
    txt = f"結果は、{kekka} でした～。"
    win["txt"].update(txt)

while True:
    e, v = win.read()
    if e == "btn":
        omikuji()
    if e == None:
        break
win.close()
```

出力結果

おみくじアプリができた～。しかも大吉だってさ！

LESSON 22

じゃんけんアプリ

コンピュータと対戦できる「じゃんけんアプリ」を作りましょう。

じゃんけんアプリの計画

次は、「じゃんけんアプリ」だ。アプリの中のフタバちゃんとじゃんけんをするアプリだよ。

なんと。ワタシとじゃんけんするの？　ふふふ。ワタシに勝てるかな～？

完成予想図

このじゃんけんアプリは、プレイヤーとコンピュータの対戦ゲームです。「プレイヤーの手」と「コンピュータの手」を同時に出して勝敗を決めます。勝敗判定は、「プレイヤーの手」と「コンピュータの手」の組み合わせで決まります。手の組み合わせの数だけ、if文をたくさん並べていけば作ることができますが、今回は「たった1行で勝敗判定する便利な方法」で作ってみたいと思います。

じゃんけんには規則性があるので、そこに注目して考えましょう。同じ手なら「あいこ」、違う手なら「私の勝ち」か「相手の勝ち」になり、3種類のどれかの結果になります。

まず、私の勝ちになる手に注目すると、「相手がチョキなら、私はグー」「相手がパーなら、私はチョキ」「相手がグーなら、私はパー」と1つずつずれています。つまり、「勝ちになる手は、1つずつずれている」という規則性がありそうです。

私の勝ちになる手

相手	チョキ	パー	グー
私	グー	チョキ	パー
勝敗	私の勝ち	私の勝ち	私の勝ち

そこで3種類の手を「グー=0」「チョキ=1」「パー=2」と数字に置き換えて、表にして見てみましょう。そして「1つずつずれている」という点に注目して、「コンピュータの手 - プレイヤーの手」と引き算をして調べてみます。

すると、最初の2つは「1」になりました。しかし最後の1つは「-2」になってうまくいきません。結果が「勝ち、あいこ、負け」の3種類しかないのに、マイナスの値になってしまうというのが怪しいですね。そこで、3種類の結果しか出なくなるように工夫をしてみましょう。

ある数を3で割った余りは「0、1、2」の3種類にしかなりません。これを利用して、「(コンピュータの手 - プレイヤーの手) % 3」を調べてみることにしましょう。すると、どのパターンでも「1」になります。つまりこの式で「1なら、プレイヤーの勝ち」だと言えそうです。

プレイヤーが勝つパターン

コンピュータ	チョキ(1)	パー(2)	グー(0)
プレイヤー	グー(0)	チョキ(1)	パー(2)
コンピュータ - プレイヤー	1	1	-2
(コンピュータ - プレイヤー) % 3	1	1	1
勝敗	プレイヤーの勝ち	プレイヤーの勝ち	プレイヤーの勝ち

LESSON 23

同じように調べると、「0なら、あいこ」、「2なら、コンピュータの勝ち」と判定できることもわかります。つまり、「(コンピュータ - プレイヤー) % 3」という計算式を使えば、「0ならあいこ、1ならプレイヤーの勝ち、2ならコンピュータの勝ち」と、たった1行で勝敗判定できることがわかります。

あいこのパターン

コンピュータ	グー(0)	チョキ(1)	パー(2)
プレイヤー	グー(0)	チョキ(1)	パー(2)
(コンピュータ - プレイヤー) % 3	0	0	0
勝敗	あいこ	あいこ	あいこ

コンピュータが勝つパターン

コンピュータ	パー(2)	グー(0)	チョキ(1)
プレイヤー	グー(0)	チョキ(1)	パー(2)
(コンピュータ - プレイヤー) % 3	2	2	2
勝敗	コンピュータの勝ち	コンピュータの勝ち	コンピュータの勝ち

では、この計算式を使ってテストプログラムを作ってみましょう。

プレイヤーとコンピュータの手を0～2のランダムな数に変化させて、いろいろと勝敗判定を行います。

このとき、数字で表示するとわかりにくいので、リストを使ってわかりやすくします。handリストに「0="グー"、1="チョキ"、2="パー"」を入れておき、これでじゃんけんの手を表示させます。勝敗結果もmessageリストに「0="あいこ"、1="あなた（プレイヤー）の勝ち"、2="ワタシ（コンピュータ）の勝ち"」を入れておき、これで結果を表示します。

test602.py

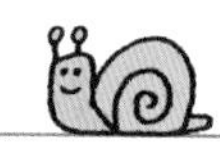

```
import random
hand = ["グー", "チョキ", "パー"]
message = ["あいこ", "あなたの勝ち", "ワタシの勝ち"]
mynum = random.randint(0,2)
comnum = random.randint(0,2)
print(f"あなたは{hand[mynum]}。ワタシは{hand[comnum]}")
hantei = (comnum - mynum) % 3
print(f"勝敗判定: {message[hantei]} で～す。")
```

出力結果 1

```
あなたはチョキ。ワタシはパー
勝敗判定: あなたの勝ち で〜す。
```

出力結果 2

```
あなたはグー。ワタシはパー
勝敗判定: ワタシの勝ち で〜す。
```

出力結果 3

```
あなたはチョキ。ワタシはチョキ
勝敗判定: あいこ で〜す。
```

おもしろーい。勝手にじゃんけんをして、勝敗結果も表示されるね。
ほんとに、じゃんけんを横で見てるみたい。

じゃんけんアプリのレイアウト

じゃんけんアプリは、「説明のテキスト」とプレイヤーの手を選ぶボタン「グー（btn0）」「チョキ（btn1）」「パー（btn2）」と「勝敗を表示するテキスト（txt）」、対戦相手の様子を表示するために「フタバちゃんの表情のイメージ（img1）」と「フタバちゃんの手のイメージ（img2）」で作りたいと思います。

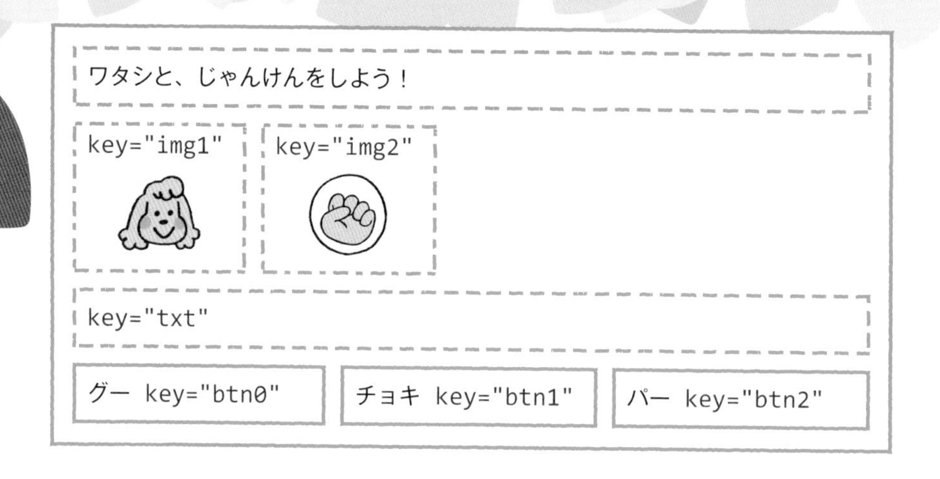

これをlayoutのリストにすると以下のようになります。

```
layout = [[sg.T("ワタシと、じゃんけんをしよう！")],
          [sg.Im("futaba0.png",k="img1"), sg.Im(k="img2")],
          [sg.T(k="txt")],
          [sg.B(" グー ", k="btn0"),
           sg.B(" チョキ ", k="btn1"),
           sg.B(" パー ", k="btn2")]]
```

フタバちゃんの表情は3種類です。あいこのときの「普通の顔」、負けたときの「困った顔」、勝ったときの「喜んだ顔」です。手の画像も「グー」「チョキ」「パー」の3種類です。これらは、P.10のダウンロードサイトからサンプルファイルをダウンロードして使ってください。

じゃんけんアプリを作る

それでは、じゃんけんアプリを作ってみましょう。じゃんけんをする部分は、janken()関数で作ります。グーの「btn0」が押されたらjanken(0)、チョキの「btn1」が押されたらjanken(1)、パーの「btn2」が押されたらjanken(2)、と呼び出して、プレイヤーの手を入力して実行できるようにします。

janken()関数では、プレイヤーの手をmynumに受け取って処理を進めます。①コンピュータの手をランダムに決めて、②その手を表示し、③コンピュータとプレイヤーの勝敗判定をして、④その勝敗結果をテキストとコンピュータ（フタバちゃん）の表情で表示します。

これで、コンピュータとプレイヤーのじゃんけんのできあがりです。次のプログラムを入力してください。

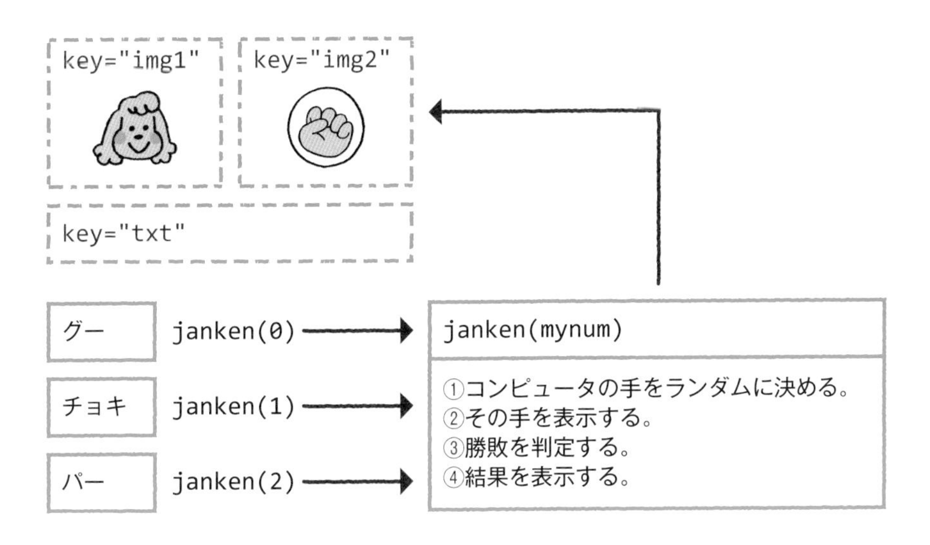

janken.py

```
import PySimpleGUI as sg
import random
sg.theme("DarkBrown3")

layout = [[sg.T("ワタシと、じゃんけんをしよう！")],
          [sg.Im("futaba0.png",k="img1"), sg.Im(k="img2")],
```

```
            [sg.T(k="txt")],
            [sg.B(" グー ", k="btn0"),
             sg.B(" チョキ ", k="btn1"),
             sg.B(" パー ", k="btn2")]]
win = sg.Window("じゃんけんアプリ", layout, font=(None,14))

handimg = ["h0.png", "h1.png", "h2.png"]
message = ["あいこ", "あなたの勝ち", "ワタシの勝ち"]
faceimg = ["futaba0.png","futaba1.png","futaba2.png"]

def janken(mynum):
    comnum = random.randint(0,2) ──────────────── ①
    win["img2"].update(handimg[comnum]) ───────── ②
    hantei = (comnum - mynum) % 3 ─────────────── ③
    win["txt"].update(message[hantei] + "で～す。")  ┐
    win["img1"].update(faceimg[hantei])            ┘─ ④

while True:
    e, v = win.read()
    if e == "btn0":
        janken(0)
    if e == "btn1":
        janken(1)
    if e == "btn2":
        janken(2)
    if e == None:
        break
win.close()
```

出力結果

さあ、アプリの中のワタシと勝負だよ！　やっぱり、勝つまで勝負しちゃうよね〜。

LESSON 24

足し算ゲームアプリ

間違えたら正解するまで次に進めない「足し算ゲームアプリ」を作りましょう。

足し算ゲームアプリの計画

次は、「足し算ゲームアプリ」だよ。

えー？　足し算がゲームなの？

じゃんけんアプリは、「ボタンを押すと、1回で勝敗が決まる」という単純なしくみだったけど、多くの対話型ゲームは、1回で勝負が決まらないので、もう少し複雑なしくみが必要だ。そこで、対話によって状態が変わるしくみの簡単な例として用意したのが、この足し算ゲームなんだ。

「対話によって状態が変わる」ってどういうこと？

例えば、この足し算ゲームでは、答えが間違っているときは、「不正解」と表示して、そのあと再び答えの入力を行う。でも答えが正しいときは、「正解」と表示して次の問題を出題させるので挙動が違う。

むむむ。正解したら次に進めるけど、間違えたら正解するまで次に進めないのね。がんばって正解しなくちゃ。

つまりこれが、プレイヤーとの対話によってコンピュータの状態が変わるしくみなんだ。

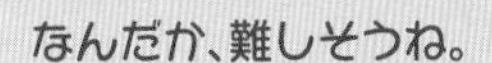

状態の場合分けを落ち着いて考えよう。そこでその練習として、単純な「足し算ゲーム」を作るんだよ。

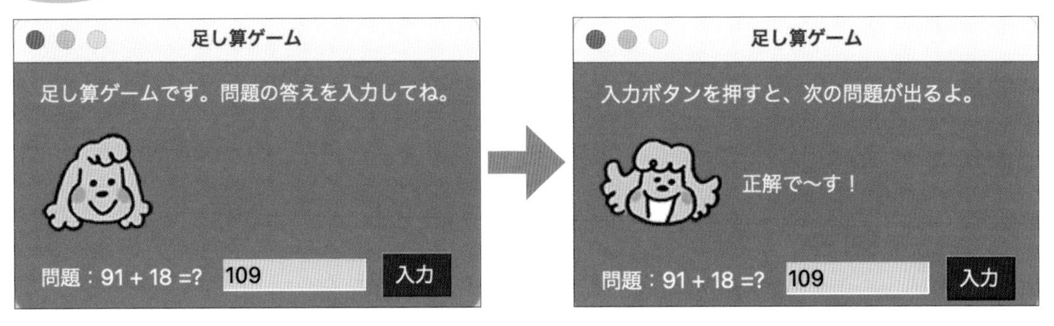

この足し算ゲームでは、「正解したとき」と「間違えたとき」で、2つの状態が切り替わります。正解したときは「次の問題を出題する状態」になり、間違えたときは「もう一度プレイヤーの入力を調べる状態」になります。この状態の切り替えを「フラグ」を使って行います。例えば、playflagという変数を作り、「入力を調べる状態ならTrue」「出題する状態ならFalse」とします。

正解したときは、その問題は一旦終了なのでplayflagはFalseにします。間違えたときは、その問題はまだ続行するのでplayflagはTrueにします。こうすれば、playflagの値を見れば、Trueならプレイヤーの入力を調べる状態、Falseなら次の問題の出題、と判断できます。さらに問題を出題したあとで、playflagをTrueに変更すれば、プレイヤーの入力を調べる状態に進めることができます。

メインループでは、このplayflagを見て、状態を切り替えます。

プログラムを読みやすくするため、それぞれの状態で行う処理は関数で作ります。「次の問題を出題する処理」はquestion()関数、「プレイヤーの入力を調べる処理」はanscheck()関数で作りましょう。

```
while True:
    indata = input("入力してね。")
    if playflag == False:
        question()
    else:
        anscheck()
```

① question()関数

まず、問題を出題するquestion()関数を考えましょう。

この関数では、①はじめに、「問題」と「その答え」を作ります。ランダムな2つの数で足し算を作りましょう。②続いて、その「問題」を表示します。これで問題の出題は終わりです。③playflag を Trueにして、この問題への入力を調べる状態に切り替えます。

② anscheck()関数

続いて、プレイヤーの入力を調べるanscheck()関数を考えましょう。

④まず、入力されたプレイヤーの値を調べます。このとき「入力された値が、数値に変換できるか」をチェックして、変換できる場合だけ処理を続けます。

書式：文字列の変数の値が「数値に変換できるか」を調べる

```
<文字列の変数>.isdecimal()
```

このチェックを行う理由は、入力された値は必ず数値に変換できるとは限らないからです。プレイヤーがうっかり数値にできない文字を入れた場合はエラーになり、ゲームが止まってしまいます。対話型のゲームで、「あと少しで勝てるぞ」というときにエラーが出て止まると悲しいことなってしまいますので、エラーチェックをしておきましょう。

実はこれまでの「第3章 計算アプリ」などでも、数値に変換できる文字列以外を入力するとエラーになっていたのです。第3章ではなるべく簡単に入力できるように省略していましたが、エラーチェックをしたい場合は同じように「.isdecimal()」で調べれば、エラーでの停止を防止することができます。

エラーチェックができたら数値に変換して、その値が正解かどうか調べていきます。

⑤もし、入力した値が答えと同じなら「正解」です。playflag を Falseにして、次の問題を出題する状態に切り替えます。反対に、入力した値が答えと違っていれば、「不正解」という表示だけを行います。状態は変わらないので、再びプレイヤーが答えを入力し、その入力を調べる処理が続きます。

```
if playflag == False:
```

question()
①足し算の問題と、答えを作る。 ②「問題」を表示する。 ③playflag = True

```
else:
```

anscheck()
④入力値が数値か調べる。 ⑤もし、入力値が答えと同じなら 「正解」と表示する。 playflag = False そうでないなら 「不正解」と表示する。

では、以下のプログラムを入力して実行してみましょう。

test603.py

```
import random

def question():
    global playflag, ans
    a = random.randint(0,100)      ─┐
    b = random.randint(0,100)       ├── ①
    ans = a + b                    ─┘
    print(f"問題：{a} + {b} =?") ──── ②
    playflag = True ──────────────── ③

def anscheck():
    global playflag
    if indata.isdecimal() == True: ── ④
        mynum = int(indata)
        if mynum == ans:               ─┐
            print("正解で～す！")        │
            playflag = False            ├── ⑤
        else:                           │
            print(f"{mynum}じゃないよ。") ─┘
```

```
question()
while True:
    indata = input("入力してね。")
    if playflag == False:
        question()
    else:
        anscheck()
```

出力結果

```
問題：97 + 34 =?
入力してね。123
123じゃないよ。
入力してね。131
正解で～す！
入力してね。
問題：66 + 55 =?
入力してね。
```

間違えたら「123じゃないよ。」って言われて、正解したら「正解で～す！」って言われたよ。なんか会話してるみたいだね。

正解したあとに「入力してね。」と表示されるけど、これは次の問題へ進むためのワンクッションだ。そのまま Enter キーを押そう。すると、次の問題が出題されるよ。

ほんとだ。次の問題が出た。

これで基本的な動きができたので、これをアプリ化していこう。

足し算ゲームアプリのレイアウト

足し算ゲームアプリは、「進行状況説明のテキスト（txt1）」と「正解不正解のテキスト（txt2）」、「フタバちゃんの表情のイメージ（img）」、「問題のテキスト（txt3）」、「答えの入力欄（in1）」、「入力ボタン（btn）」で作りたいと思います。

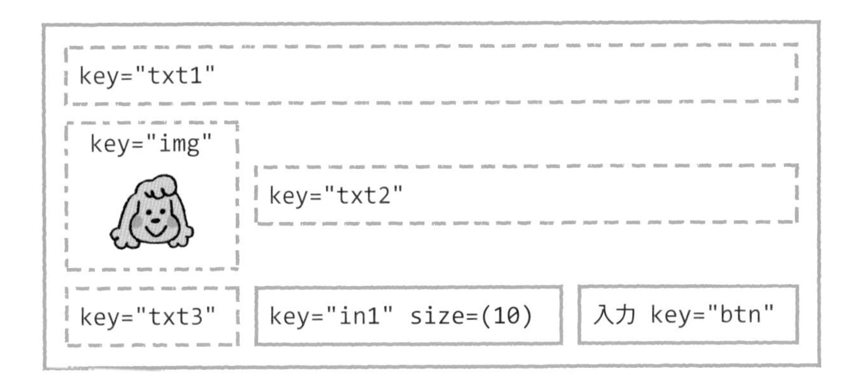

これをlayoutのリストにすると以下のようになります。

```
layout = [[sg.T(k="txt1")],
          [sg.Im(k="img"), sg.T(k="txt2")],
          [sg.T(k="txt3"), sg.I(k="in1", size=(10)),
          sg.B(" 入力 ", k="btn", bind_return_key=True)]]
```

足し算ゲームアプリを作る

この足し算アプリでは、アプリを起動したらすぐ問題を表示させます。そしてその問題は、毎回変わります。これまでのように「あらかじめlayoutで書いた値をそのまま表示させる」のではありません。

このようなときはWindow作成時に「finalize=True」と設定しておきます。この設定をしておけば、layoutで作った画面を最初に表示させる直前に、表示内容をプログラム側から変更できるようになります。

書式：画面を最初に表示させる直前に、プログラム側から変更できるようにする

```
<ウィンドウ> = sg.Window("<タイトル>", finalize=True)
```

それでは、「test603.py」のプログラムを利用して、アプリ化していきましょう。

さらに、入力によってフタバちゃんの表情が変わるようにしたいと思います。問題を出題するquestion()では、普通の顔（futaba0.png）を表示して、anscheck()の中の正解したときは、一緒に喜んでくれる顔（futaba2.png）を表示します。

問題の出題は、ゲームが始まったら最初に行いたいので、メインループが始まる直前でquestion()を呼び出します。

それでは、以下のプログラムを入力して実行してみましょう。

tashizan.py

```
import PySimpleGUI as sg
import random
sg.theme("DarkBrown3")

layout = [[sg.T(k="txt1")],
          [sg.Im(k="img"), sg.T(k="txt2")],
          [sg.T(k="txt3"), sg.I(k="in1", size=(10)),
          sg.B(" 入力 ", k="btn", bind_return_key=True)]]
win = sg.Window("足し算ゲーム", layout, font=(None,14),
finalize=True)

def question():
    global playflag, ans
    a = random.randint(0,100)
    b = random.randint(0,100)
    ans = a + b
    win["txt1"].update("足し算ゲームです。問題の答えを入力してね。")
    win["txt2"].update("")
    win["txt3"].update(f"問題：{a} + {b} =?")
    win["img"].update("futaba0.png")
    playflag = True

def anscheck():
```

```
    global playflag
    if v["in1"].isdecimal() == False:
        win["txt2"].update("数字を入力してね。")
    else:
        mynum = int(v["in1"])
        if mynum == ans:
            win["txt2"].update("正解で～す！")
            win["txt1"].update("入力ボタンを押すと、次の問題が出るよ。")
            win["img"].update("futaba2.png")
            playflag = False
        else:
            win["txt2"].update(f"{mynum}じゃないよ。")

question()
while True:
    e, v = win.read()
    if e == "btn":
        if playflag == False:
            question()
        else:
            anscheck()
    if e == None:
        break
win.close()
```

出力結果

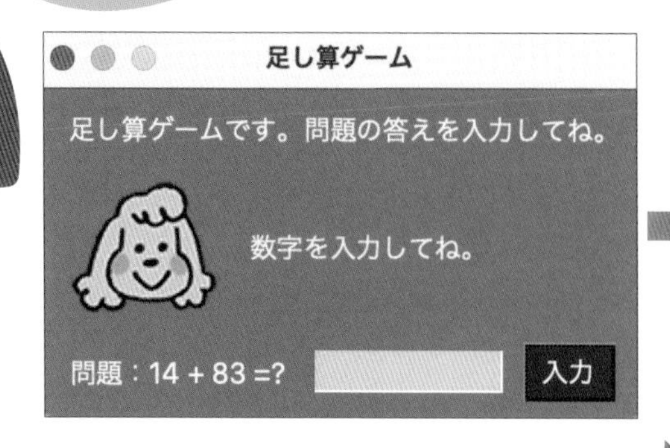

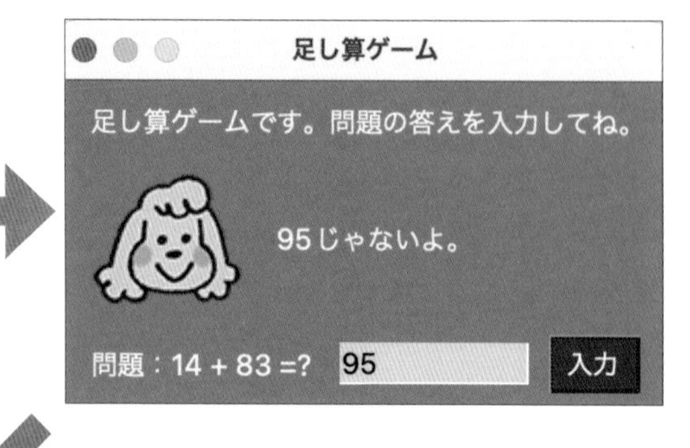

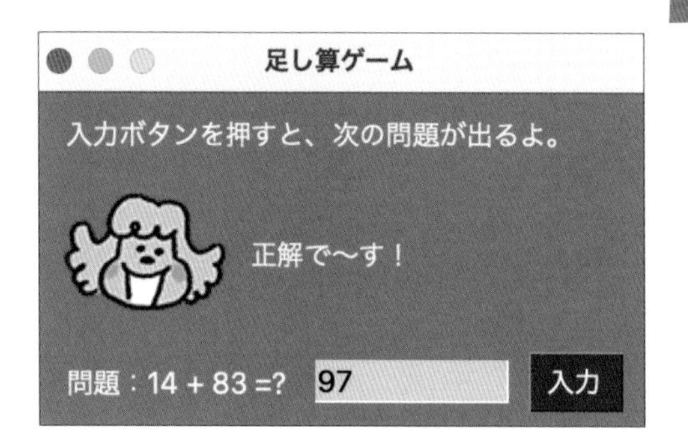

足し算のゲームアプリができた〜。ただの足し算だけど、会話しながらだとちょっと楽しいね。

数当てゲームアプリ

コンピュータが思い浮かべた数をプレイヤーが当てる「数当てゲームアプリ」を作りましょう。

数当てゲームアプリの計画

次は、「数当てゲームアプリ」だ。アプリの中のフタバちゃんが「1～100のどれか」を思い浮かべるので、それを当てるゲームだ。

またまたワタシと対戦だね。ワタシの思い浮かべる数がわかるかな～。

答えた回数も数えるようにするよ。どれだけ少ない回数で当てられるか、がんばってみよう。

完成予想図

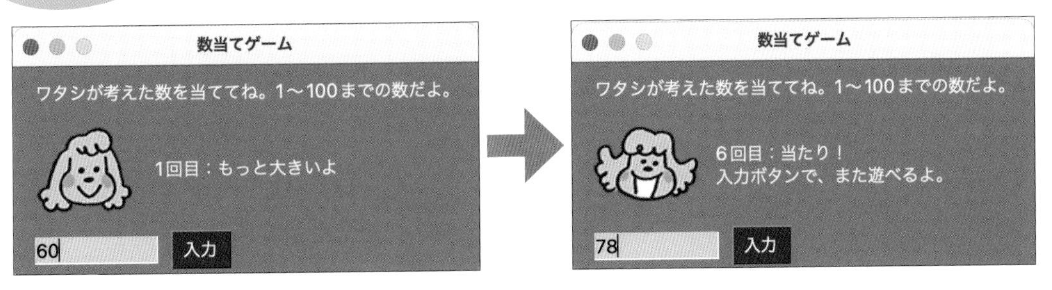

この数当てゲームも対話型のゲームです。数を「当てたとき」と「当てなかったとき」で、2つの状態が切り替わります。

当てたときは「次の問題を出題する状態」になり、当てなかったときは「もう一度プレイヤーの入力を調べる状態」になります。この構造は「足し算プログラムの「test603.py」とそっくりなので、同じようにplayflagを作って2つの状態を切り替えましょう。

① question()関数

はじめに、問題を出題するquestion()関数を考えましょう。

問題を出題するといっても、プレイヤーには「ワタシが考えた数を当ててください」と表示するだけなので、内部的に答えを用意しておくだけです。

①まず、1から100の中からランダムな数を選び、答えとして保存しておきます。②また、プレイヤーが何回答えたかの回数を調べる必要があるので、カウントを0にしておきます。これで問題の準備は終わったので、③playflagをTrueにして状態を切り替えます。

② anscheck()関数

次は、プレイヤーの入力を調べるanscheck()関数を考えましょう。

④最初に、入力された値が「数値に変換できるか」を調べます。

チェックができたら数値に変換して、入力された値を調べていきます。⑤まず、カウントを1増やして、プレイヤーが答えた回数を数えます。⑥入力値が答えと同じなら、「正解」として、playflagをFalseにして状態を切り替えます。

答えと違っていれば「不正解」ですが、このときヒントを出します。もしプレイヤーの入力した値が、答えより大きければ「もっと小さいよ」、答えより小さければ「もっと大きいよ」とアドバイスします。これによって、「ヒントから答えを考える」というゲーム性が生まれます。

question() 関数と
anscheck() 関数を
利用するよ！

```
if playflag == False:
```

question()
①答え（1～100のランダム）を作る。 ②カウントを0にする。 ③playflag = True

```
else:
```

anscheck()
④入力値が数値か調べる。 ⑤カウントを1増やす。 ⑥もし、入力値が答えと同じなら「当たり！」と表示。 　playflag = False 　そうでなくてもし、入力値が答えより小さいなら「もっと大きいよ」と表示。 　そうでないなら「もっと小さいよ」と表示。

それでは、以下のプログラムを入力して実行してみましょう。

test604.py

```
import random

def question():
    global playflag, ans, count
    ans = random.randint(1,100) ──────── ①
    count = 0 ──────────────────── ②
    print(">ワタシが考えた数を当ててね。")
    playflag = True ─────────────── ③

def anscheck():
    global playflag, count
    if indata.isdecimal() == True: ──── ④
        count += 1 ──────────────── ⑤
        mynum = int(indata)
```

```
        if mynum == ans:
            print(f"{count}回目：当たり！")
            playflag = False
        elif mynum < ans:
            print(f"{count}回目：もっと大きいよ")
        else:
            print(f"{count}回目：もっと小さいよ")

question()
while True:
    indata = input("入力してね。")
    if playflag == False:
        question()
    else:
        anscheck()
```

⑥

出力結果

```
>ワタシが考えた数を当ててね。
入力してね。80
1回目：もっと大きいよ
入力してね。90
2回目：もっと小さいよ
入力してね。88
3回目：当たり！
入力してね。
```

はずれても、大きいか小さいか教えてくれるから、ヒントと勘で当てれておもしろいね。

これも、正解したあとの「入力してね。」で Enter キーを押すと、次の問題が表示されるよ。これで基本的な動きができたので、これをアプリ化していこう。

数当てゲームアプリのレイアウト

数当てゲームアプリは、「問題のテキスト」と「フタバちゃんの表情のイメージ(img1)」、「進行状況説明のテキスト(txt1)」、「数の入力欄(in1)」と「入力ボタン(btn)」で作りたいと思います。

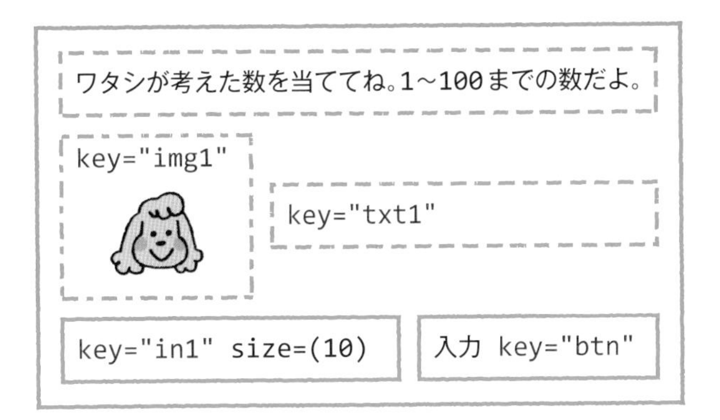

これをlayoutのリストにすると以下のようになります。

```
layout = [[sg.T("ワタシが考えた数を当ててね。1~100までの数だよ。")],
          [sg.Im(k="img1"), sg.T(k="txt1")],
          [sg.I(k="in1", size=(10)),
           sg.B(" 入力 ", k="btn", bind_return_key=True)]]
```

数当てゲームアプリを作る

LESSON 25

それでは、「test604.py」のプログラムを利用して、アプリ化していきましょう。

これも、入力によってフタバちゃんの表情が変わるようにします。問題を出題するquestion()では、普通の顔(futaba0.png)を表示して、anscheck()の中で正解したときは、一緒に喜んでくれる顔(futaba2.png)を表示します。また、ゲームが始まったらすぐ問題を出題したいので、メインループが始まる直前でquestion()を呼び出します。

以下のプログラムを入力してください。

kazuate.py

```
import PySimpleGUI as sg
import random
sg.theme("DarkBrown3")

layout = [[sg.T("ワタシが考えた数を当ててね。1～100までの数だよ。")],
          [sg.Im(k="img1"), sg.T(k="txt1")],
          [sg.I(k="in1", size=(10)),
           sg.B(" 入力 ", k="btn", bind_return_key=True)]]
win = sg.Window("数当てゲーム", layout, font=(None,14), ↵
finalize=True)

def question():
    global playflag, ans, count
    ans = random.randint(1,100)
    count = 0
    win["txt1"].update("")
    win["img1"].update("futaba0.png")
    playflag = True

def anscheck():
    global playflag, count
    if v["in1"].isdecimal() == False:
        win["txt1"].update("数字を入力してね。")
    else:
        count += 1
        mynum = int(v["in1"])
        if mynum == ans:
            win["txt1"].update(f"{count}回目：当たり！\n入力ボタンで、↵
また遊べるよ。")
            win["img1"].update("futaba2.png")
            playflag = False
        elif mynum < ans:
            win["txt1"].update(f"{count}回目：もっと大きいよ")
        else:
            win["txt1"].update(f"{count}回目：もっと小さいよ")
```

```
question()
while True:
    e, v = win.read()
    if e == "btn":
        if playflag == False:
            question()
        else:
            anscheck()
    if e == None:
        break
win.close()
```

出力結果

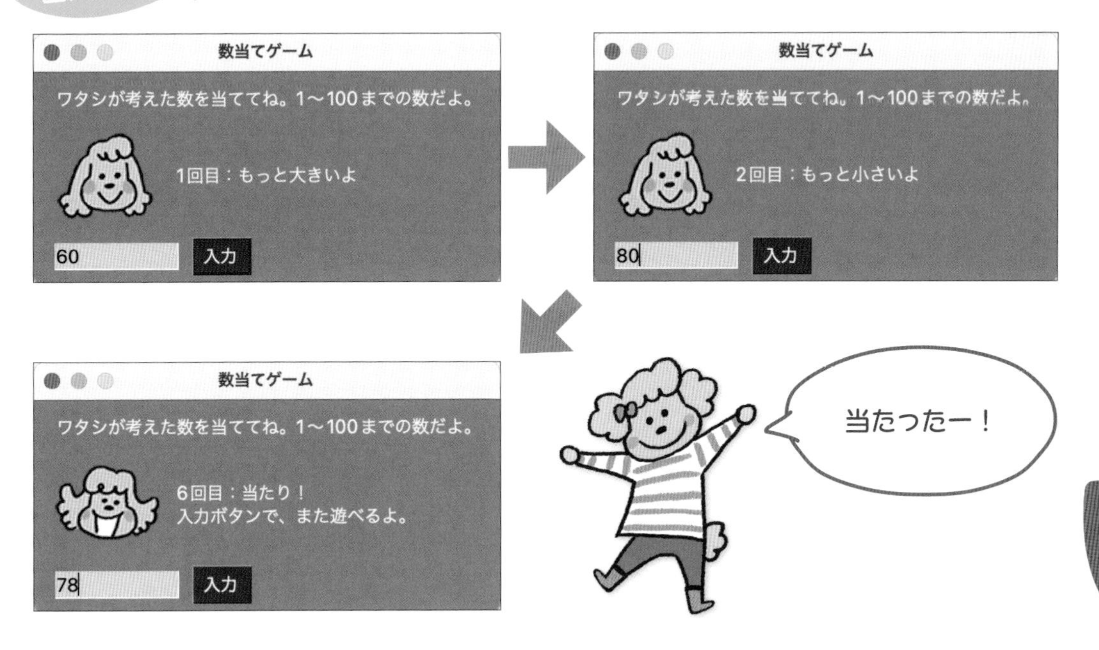

数当てゲームアプリができた〜。少ない回数で当てられたら気持ちいいね。

LESSON 25

31ゲームアプリ

コンピュータと31ゲームを対戦できる「31ゲームアプリ」を作りましょう。

 31ゲームアプリの計画

次は「31ゲームアプリ」を作ってみよう。最後のゲームなので、少々難易度高めだよ。フタバちゃん、31ゲームって知ってるかな？

知ってる！「31を言ったら負け」ってゲームだよね。1から31までを交互に言い合うんだけど、自分の番では、相手が言った数の次から3つまでの中からしか言えないんだよ。だから、よく考えて数えないといけないの。

完成予想図

31ゲーム

31ゲームをしよう！ 31を言うと負けだよ。

ワタシは、[7] にするよ。

[8, 9, 10] から入力してください。

6 入力

→

31ゲーム

31ゲームをしよう！ 31を言うと負けだよ。

31って言ったね。
あなたの負けだよ。

入力ボタンを押すと、また遊べるよ。

31 入力

このゲーム、必勝法があるんだけどわかるかな。

それちょっと知ってるよ！　30を言えば勝ちなの。だって、30を言ったら、相手は31を言うしかないからね。でも、その30をどうやって言えばいいかが問題なんだよね。

2人でする場合なら4を引けばいいよ。30から4を引いた26を言えば勝てるんだ。26を言えば、相手は27、28、29のどれかしか言えないから、次はこちらが30を言えるというわけだ。

なるほど。

そして、26からさらに4ずつ引いていけば同じように勝てる数字がわかる。22、18、14、10、6、2だ。つまり、これらの数字を言えれば勝てるんだ。

すごい！　必勝法聞いちゃったよ～。

	4	4	4	4	4	4	4
こちらが言う数	2	6	10	14	18	22	26	30
相手が言える数	3,4,5	7,8,9	11,12,13	15,16,17	19,20,21	23,24,25	27,28,29	31

そして、これから作る31ゲームアプリでは、コンピュータ側にこの機能をつけようと思う。これらの数字を言えたら言うように作るんだよ。

なんてことするの！　それじゃワタシ絶対勝てないじゃない！

ははは。それだと強すぎるよね。ゲームは、強すぎても弱すぎてもだめで、バランスが大事。だから、コンピュータは2回に1回はこの必勝法を忘れるようにしようと思うんだ。

えっ！　必勝法を知ってるのに忘れちゃうの？　ふふふ。うっかり屋さんだったんだね。それなら、遊んでもいいかな。

このアプリでは、プレイヤーが先行でいくよ。

LESSON 26

この31ゲームも対話型のゲームですが、正解を当てるゲームではなく、31を言ったら負けのゲームなので、「31を言ったとき」と「そうでないとき」で、2つの状態が切り替わります。これも、これまでと同じようにplayflagで切り替えます。

さて、この31ゲームで重要なのは「相手が言った数の次から3つまでしか数えられない」というルールです。相手が「5」と言ったら「6、7、8」の中から、「18」と言ったら「19、20、21」の中からしか選べません。逆に言うと、このルールをうまくゲームに取り込めれば、31ゲームらしいゲームを作ることができるとも言えます。

そこで、「ある数を入れると、その次から3つの数をリストにするプログラム」を作ってみましょう。「指定した始めの数～終わりの数のリスト」は、list(range(<始めの数>,<終わりの数 + 1>))と指定すれば作れます。

書式：「始めの数～終わりの数」のリストを作る

```
<数のリスト> = list(range(<始めの数>,<終わりの数 + 1>))
```

これを使って「ある数を渡すと、その次から3つの数のリストを作る関数」を作って試してみましょう。渡された数を「n」とすると、「list(range(n+1, n+4))」と命令すれば求めることができます。「5」「18」「29」を渡して試してみましょう。

test605.py

```python
def getnextnums(n):
    nextnums = list(range(n+1, n+4))
    choicemsg = f"{nextnums} から入力してください。"
    print(choicemsg)

getnextnums(5)
getnextnums(18)
getnextnums(29)
```

出力結果

```
[6, 7, 8] から入力してください。
[19, 20, 21] から入力してください。
[30, 31, 32] から入力してください。
```

実行すると、「5」と「18」を渡したときは正しい3つの数がリスト化されました。「29」を渡したときも「30、31、32」という3つの数がリスト化されますが、31ゲームなので「32」は含めたくありません。そこで、31以下の数だけになるようにしたいと思います。range()の終わりをmin(<値>, <値>)を使ってmin(32, n+4)と修正しましょう。こうすれば、終わりの数が32以上になることはなくなり、数の範囲は「32未満の数」になります。

【プログラム修正部分】test606.py

```
nextnums = list(range(n+1, min(32, n+4)))
```

出力結果

```
[6, 7, 8] から入力してください。
[19, 20, 21] から入力してください。
[30, 31] から入力してください。
```

「29」を渡したら「30、31」というリストになりました。これで、「31ゲームで、次に言える数のリストを作る関数」として使えそうです。

① question()関数

さて、ゲーム開始時のquestion()関数を考えましょう。

今回も問題を出題するといっても正解はないので、ゲームの初期化をするだけです。①先ほど作ったgetnextnums関数をgetnextnums(0)と実行して、最初に選べる数字「1、2、3」を準備して表示します。②そして、ゲーム開始なので、playflagをTrueにします。

次はプレイヤーの入力の番ですが、このゲームはプレイヤーが数を選んだら、次にコンピュータが数を選ぶという、交互に「数を選ぶ番（ターン）」があるゲームです。したがって、プレイヤーが数を選ぶ番をmy_turn()関数として作り、コンピュータが数を選ぶ番をcom_turn()関数と分けて作っていこうと思います。

なお、実際のアプリでは、「プレイヤーが数を選ぶ番」が終わったら、次に「コンピュータが数を選ぶ番」とすぐ続くので、my_turn()関数の処理が終わったときに、そこからcom_turn()関数を呼び出すように作ります。

② my_turn()関数

まず、プレイヤーの番のmy_turn()関数について考えましょう。

③これまでと同じように、まず入力された値が「数値に変換できるか」を調べます。

④次は、入力された値が「次に言える数のリストに含まれているか」を調べます。言えない数だった場合は、「[x, x, x] から入力してください」と表示して、プレイヤーに再び値を入力させます。言える数だった場合は、⑤「それは31か？」「それは30か？」を調べます。「31だったら、あなたの負け」ですが、「30だったら、あなたの勝ち」になります。

どちらでもなければ⑥コンピュータが選ぶ番に進むので、com_turn()関数を呼んでゲームを進めます。このとき「プレイヤーが選んだ数」を伝えます。

```
if playflag == False:
```

question()
①「最初に選べる 3 つの数（1～3）」を表示する。 ②playflag = True

```
else:
```

my_turn()
③入力値が数値か調べる。 ④もし、選べる 3 つの数なら、以下の処理を行う。 　　⑤もし、31 なら「あなたの負けだよ。」と表示。 　　　playflag = False 　　　そうでなくてもし、30 なら「あなたの勝ちだよ。」と表示。 　　　playflag = False 　　　そうでないなら 　　⑥コンピュータが数字を選ぶ処理（com_turn） そうでないなら「選べる 3 つの数から入力してください。」と表示。

③ com_turn()関数

次は、コンピュータの番のcom_turn()関数について考えましょう。

⑦まず、31ゲームで絶対に勝てる数をリスト（keynums）で用意します。⑧次に、プレイヤーが選んだ数をもとに、コンピュータが次に選べる3つの数を調べます。⑨この3つそれぞれについて見ていきます。

⑩もし、絶対に勝てる数が含まれているのなら、その数を選びます。⑪しかし、それだとコンピュータが強くなりすぎるので、2回に1回は必勝法を忘れたことにして、「3つの数のうち、先頭の数」を強制的に選びます。これで、コンピュータは少し弱くなります。

⑫コンピュータが選んだ数を表示したら、⑬次にプレイヤーが選べる3つの数を調べて、ゲームを進めます。これで、プレイヤーとコンピュータが交互に数を選んでゲームを進めることができるようになりました。

com_turn()
⑦絶対勝てる数のリストを用意する（keynums）。 ⑧コンピュータが選べる３つの数を調べて表示。 ⑨コンピュータが選べる３つの数から１つずつ調べていく。 　　⑩もし、その数が絶対勝てる数なら 　　　　その数を選ぶ。 　　⑪もし、ランダムな数（0～1）が０より大きいなら 　　　　次に選べる３つの数の最初の数を選ぶ。 ⑫「コンピュータが選んだ数」を表示。 ⑬プレイヤーが選べる３つの数を調べて表示。

それでは、以下のプログラムを入力して実行してみましょう。

test607.py

```
import random

def getnextnums(n):
    global nextnums, choicemsg
    nextnums = list(range(n+1, min(32, n+4)))
    choicemsg = f"{nextnums} から入力してください。"
    print(choicemsg)

def question():
    global playflag
    getnextnums(0)                          ①
    print("さあ、ゲームを始めるよ！")
    playflag = True                         ②

def com_turn(comnum):
    keynums = [2,6,10,14,18,22,26,30]       ⑦
    getnextnums(comnum)                     ⑧
    comnum += 1
    for n in nextnums:                      ⑨
```

LESSON 26

```
        if n in keynums:          ⑩
            comnum = n
    if random.randint(0,1) > 0:          ⑪
            comnum = nextnums[0]
    print(f"ワタシは、[ {comnum} ] にするよ。")  ⑫
    getnextnums(comnum)          ⑬

def my_turn():
    global playflag
    if indata.isdecimal() == True:          ③
        mynum = int(indata)
        if mynum in nextnums:          ④
            if mynum == 31:          ⑤
                print("あなたの負けだよ。")
                playflag = False
            elif mynum == 30:
                print("あなたの勝ちだよ。")
                playflag = False
            else:
                com_turn(mynum)          ⑥
        else:
            print(choicemsg)

question()
while True:
    indata = input("入力してね。")
    if playflag == False:
        question()
    else:
        my_turn()
```

出力結果

```
[1, 2, 3] から入力してください。
さあ、ゲームを始めるよ！
入力してね。5
[1, 2, 3] から入力してください。
入力してね。3
[4, 5, 6] から入力してください。
ワタシは、[ 6 ] にするよ。
[7, 8, 9] から入力してください。
入力してね。
:
[28, 29, 30] から入力してください。
ワタシは、[ 30 ] にするよ。
[31] から入力してください。
入力してね。31
あなたの負けだよ。
入力してね。
```

やっほーい！　すごいすごい。言えない数を入力すると注意してくれた。ほんとに会話してるみたいね。そして、負けちゃった～。

これで31ゲームの基本的な動きができたので、これをアプリ化していこう。

31ゲームアプリのレイアウト

31ゲームアプリは、「説明のテキスト」と「数字の入力欄（in1）」と「入力ボタン（btn）」、「フタバちゃんの表情のイメージ（img1）」、「進行状況説明のテキスト1（txt1）」、「進行状況説明のテキスト2（txt2）」で作ります。

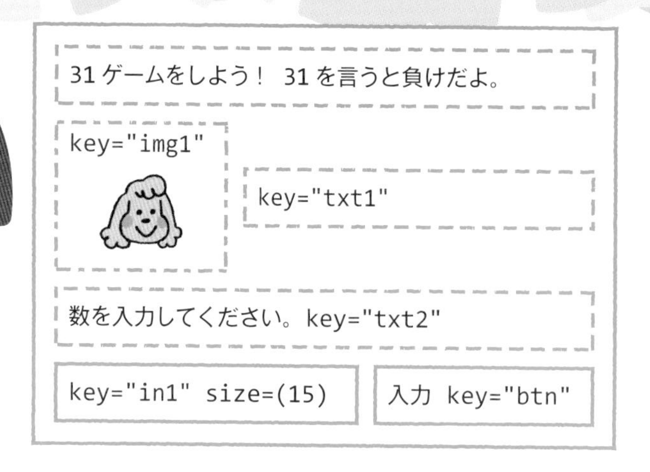

これをlayoutのリストにすると以下のようになります。

```
layout = [[sg.T("31ゲームをしよう！ 31を言うと負けだよ。")],
          [sg.Im(k="img1"), sg.T(k="txt1")],
          [sg.T("数を入力してください。", k="txt2")],
          [sg.I("1",k="in1",size=(15)),
           sg.B(" 入力 ", k="btn", bind_return_key=True)]]
```

31ゲームアプリを作る

それでは、「test607.py」のプログラムを利用して、アプリ化していきましょう。

これも、入力によってフタバちゃんの表情が変わるようにします。

フタバちゃんとの対戦ゲームなので、ゲーム開始時は、普通の顔（futaba0.png）を、コンピュータが勝ったときは喜ぶ顔（futaba2.png）を、プレイヤーが勝ったときはくやしい顔（futaba1.png）を表示しましょう。

以下のプログラムを入力してください。

31game.py

```
import PySimpleGUI as sg
import random
sg.theme("DarkBrown3")
```

```
layout = [[sg.T("31ゲームをしよう！ 31を言うと負けだよ。")],
          [sg.Im(k="img1"), sg.T(k="txt1")],
          [sg.T("数を入力してください。", k="txt2")],
          [sg.I("1",k="in1",size=(15)),
           sg.B(" 入力 ", k="btn", bind_return_key=True)]]
win = sg.Window("31ゲーム", layout, font=(None,14), finalize=True)

def getnextnums(n):
    global nextnums, choicemsg
    nextnums = list(range(n+1, min(32, n+4)))
    choicemsg = f"{nextnums} から入力してください。"
    win["txt2"].update(choicemsg)

def question():
    global playflag
    getnextnums(0)
    win["txt1"].update("さあ、ゲームを始めるよ！")
    win["img1"].update("futaba0.png")
    playflag = True

def com_turn(comnum):
    keynums = [2,6,10,14,18,22,26,30]
    getnextnums(comnum)
    comnum += 1
    for n in nextnums:
        if n in keynums:
            comnum = n
    if random.randint(0,1) > 0:
        comnum = nextnums[0]
    win["txt1"].update(f"ワタシは、[ {comnum} ] にするよ。")
    getnextnums(comnum)

def my_turn():
    global playflag
    if v["in1"].isdecimal() == False:
        win["txt1"].update("数字を入力してね。")
```

LESSON 26

```
    else:
        mynum = int(v["in1"])
        if mynum in nextnums:
            if mynum == 31:
                win["txt1"].update("31って言ったね。\nあなたの負けだよ。")
                win["img1"].update("futaba2.png")
                win["txt2"].update("入力ボタンを押すと、また遊べるよ。")
                playflag = False
            elif mynum == 30:
                win["txt1"].update("31。あなたの勝ちだよ。\nおめでとう！")
                win["img1"].update("futaba1.png")
                win["txt2"].update("入力ボタンを押すと、また遊べるよ。")
                playflag = False
            else:
                com_turn(mynum)
        else:
            win["txt1"].update(choicemsg)

question()
while True:
    e, v = win.read()
    if e == "btn":
        if playflag == False:
            question()
        else:
            my_turn()
    if e == None:
        break
win.close()
```

ちょっと長いけど
がんばって
入力してみよう！

出力結果

31ゲーム

31ゲームをしよう！ 31を言うと負けだよ。

さあ、ゲームを始めるよ！

[1, 2, 3] から入力してください。

1 入力

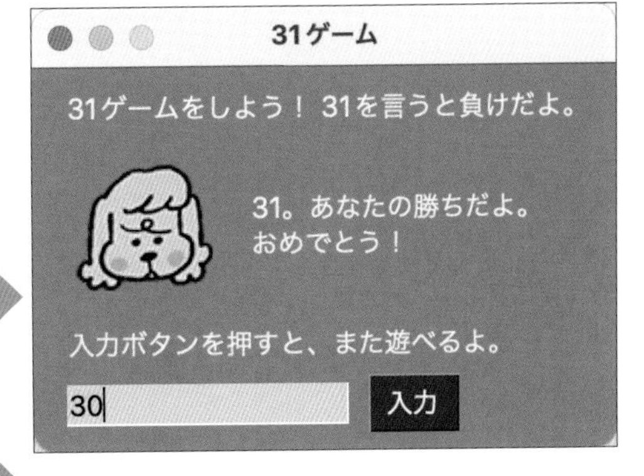

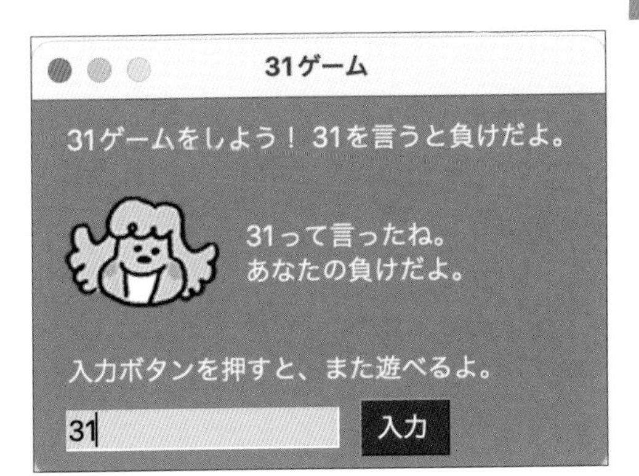

ついに、31ゲームアプリができたよ〜。ワタシ、必勝法を知ってるし、先行だから絶対勝てるよ〜！

それはすごいね。

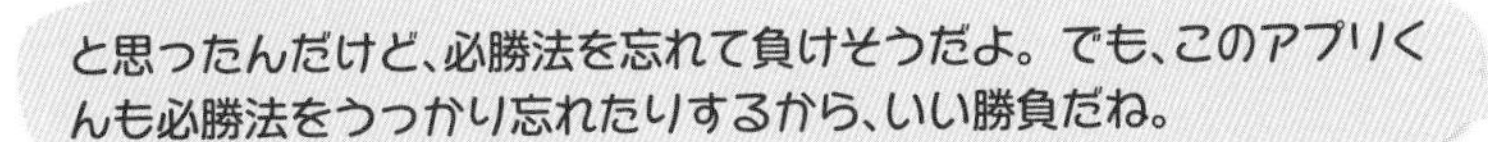

と思ったんだけど、必勝法を忘れて負けそうだよ。でも、このアプリくんも必勝法をうっかり忘れたりするから、いい勝負だね。

LESSON 26

LESSON 27

これから先は、どうしたらいいの？

いろいろなアプリが作れるようになりましたね。さてこれから先、どのようなことをすればいいのでしょうか？

ハカセ～。 アプリ作りはもうおしまいなの～？ もっとたくさん作り方を教えてよ～。

フタバちゃん。最初、なんて言ってアプリの作り方を教えてほしいって言ってきたか、覚えてる？

ん～と、「ワタシがプログラムを作ったって実感したい」から、アプリ作りを教えて欲しいって言ったかな。

だったら、その喜びはまだ感じてないかもしれないよ。

どうして？ いろいろ作れて楽しかったよ。

教えてもらったとおりに作ったり、人が作ったプログラムをマネして作ったりしても、それはまだ本物じゃない。本当の喜びは、自分の頭で考えて作って始めて感じられるんだよ。だから、これからは自分で考えて作らなきゃ。

えーっ！ ワタシがアプリを考えて作るってこと？ きっとできないよ～。

そうでもないよ。すでに、アプリの配色を変えたり、セリフや絵を変えたりできたでしょう。それも、アプリのアレンジだよ。

まあ、それだったらできそうかも。

そうやって、小さい修正に慣れてきたら、もうちょっと大きい修正もできるようになってくる。『Python1年生』でやったことのあるプログラムをときどき使っていたのもそのためなんだよ。「プログラムをどうやってアプリにしていくのか」に注目して欲しかったからなんだ。

確かに。知ってるプログラムだと、アプリ化するときゆっくり考えることができてたかも。

自分が思ったとおりに修正する作業って、めんどくさいし難しい。でも、だからこそ、できたときに喜びを感じられるんだ。そして、いろいろ修正できるようになったら、次は自分で考えて作ることに挑戦しよう。もっと大変だけど、できたときの喜びは大きいよ。

「プログラムを作る喜び」か～。ちょっとずつだけど、挑戦してみようかな。わからないことが出てきたら。ハカセ、また教えてね。

もちろん。同じプログラムのクリエイターとして、いつでも手を貸すよ。

索引

●著者プロフィール

森 巧尚（もり・よしなお）

『マイコンBASIC マガジン』（電波新聞社）の時代からゲームを作り続けて、現在はコンテンツ制作や執筆活動を行い、関西学院大学非常勤講師、関西学院高等部非常勤講師、成安造形大学非常勤講師、大阪芸術大学非常勤講師、プログラミングスクールコプリ講師などを行っている。
近著に、『Python1 年生 第２版』、『Python3 年生機械学習のしくみ』、『Python2 年生スクレイピングのしくみ』、『Python2 年生 データ分析のしくみ』、『Java1 年生』、『動かして学ぶ！Vue.js 開発入門』（いずれも翔泳社）、『ゲーム作りで楽しく学ぶ Python のきほん』、『アルゴリズムとプログラミングの図鑑 第２版』（いずれもマイナビ出版）などがある。

装丁・扉デザイン　大下 賢一郎
本文デザイン　株式会社リブロワークス
装丁・本文イラスト　あらいのりこ
漫画　ほりたみわ
編集・DTP　株式会社リブロワークス
校正協力　佐藤弘文

Python（パイソン）２年生 デスクトップアプリ開発のしくみ

体験してわかる！ 会話でまなべる！

2022 年 12 月 19 日　初版第１刷発行
2023 年　6 月　5 日　初版第２刷発行

著　　者　森 巧尚（もり・よしなお）
発 行 人　佐々木 幹夫
発 行 所　株式会社 翔泳社（https://www.shoeisha.co.jp）
印刷・製本　株式会社シナノ

ISBN978-4-7981-7499-0
Printed in Japan